材料・道具提供

麻繩線團　串珠　配件
軟木塞板　大頭針
メルヘンアート（東京川端商事株式会社）
東京都墨田区緑 2-11-12

麻繩
タカギ纖維株式会社
京都府京都市上京区黒門通上長者町上ル

麻繩
ハマナカ株式会社
京都本社：京都府京都市右京区花園藪の下町 2-3
東京支店：東京都中央区日本橋浜町 1-11-10

串珠　陶珠
シュゲール（藤久株式会社）
愛知県名古屋市名東区猪子石 2-1607

手藝用白膠　手藝用剪刀
クロバー株式会社
大阪府大阪市東成区中道 3-15-5

各式配件提供

マービー株式会社
東京都中央区日本橋馬喰町 2-4-12

U0069066
chorker&ring
bracelet

簡單
Simple

讓我們一面製作簡單、時髦的飾品，一面學習基本的編法吧！

3
1
2

1.2.4
手環
螺旋結

搭配不同顏色的麻繩，就能製作漂亮的飾品！這種以基本編法編製的手環，也可以幾條一起配戴。

handmade by yuming

作法請見P4

5

6

4

7

3.5.6.7
手環
角型四層結

這些是以原色搭配綠、藍色麻繩的手環，因為其中有和膚色相近的顏色，所以很好搭配運用！

handmade by Sinnsuke

作法請見P 24

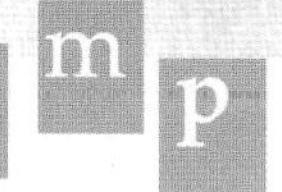

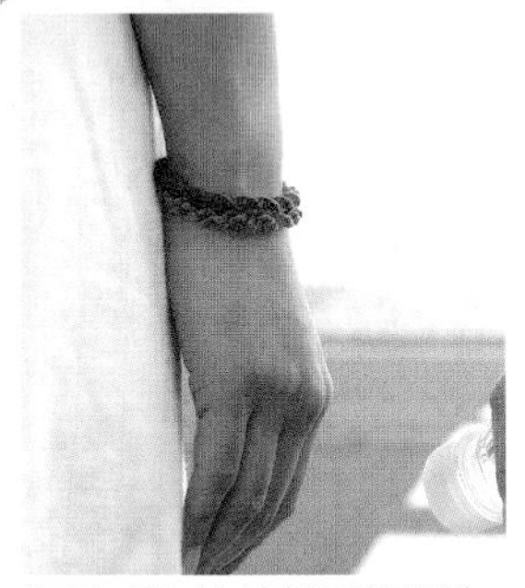

2 手環 螺旋結

＊材料／Marchen Art＊
麻繩線團（細）
中心線 橘色（328）60cm1條
編織線 橘色（328）130cm1條
藍綠色（330）130cm1條
扁木珠 直徑1.5cm 1個

作品1和4也是相同的作法。為方便讓讀者了解，圖中的中心線是改用黃色。

1

將3條線對齊合攏，從距離邊端28cm處開始編4cm的三線編法，以兩端的線作為編織線。

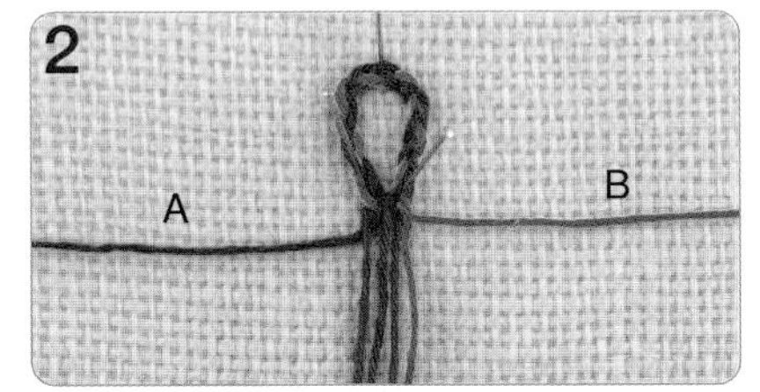
2
A
B

將三線編法的部分摺成圈環，編織線置於兩側。

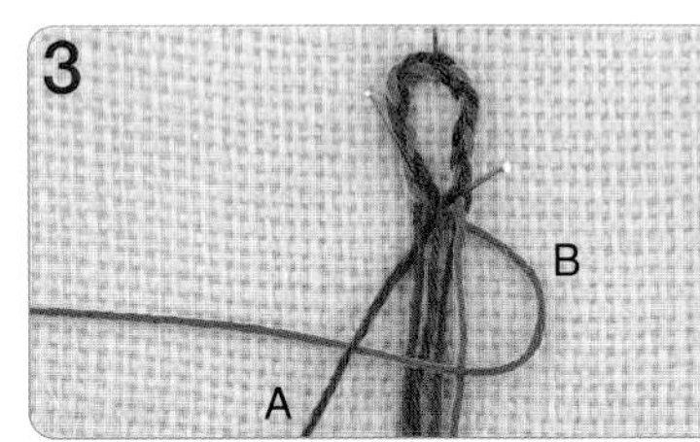
3
B
A

將B越過中心線的上方，從A的下方穿
。

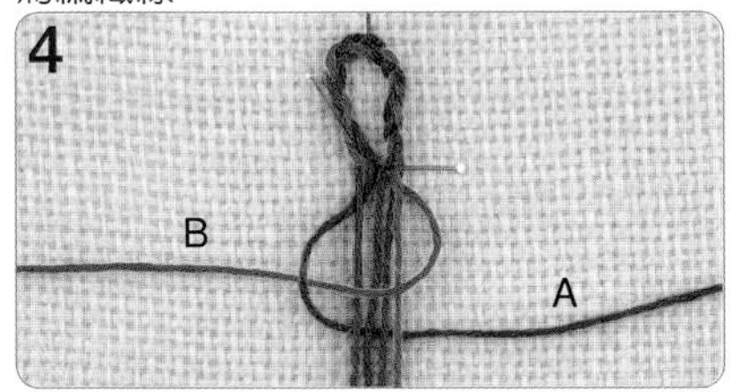
4
B
A

將A穿過中心線的下方。

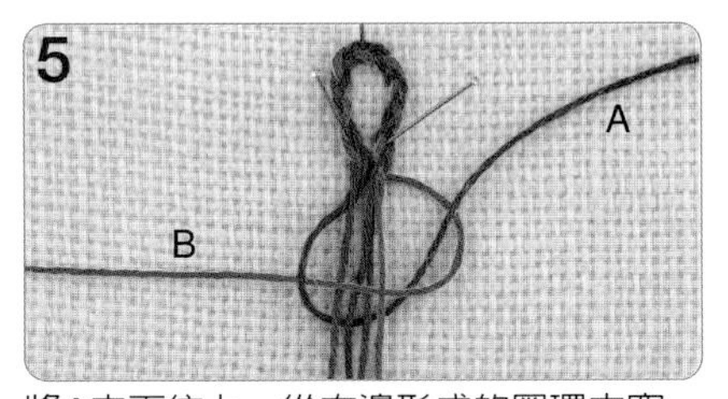
5
A
B

將A由下往上，從右邊形成的圈環中穿出。

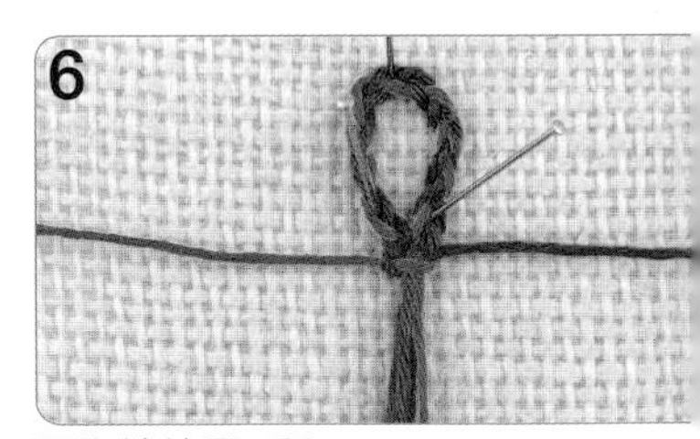
6

平均地拉緊A和B。

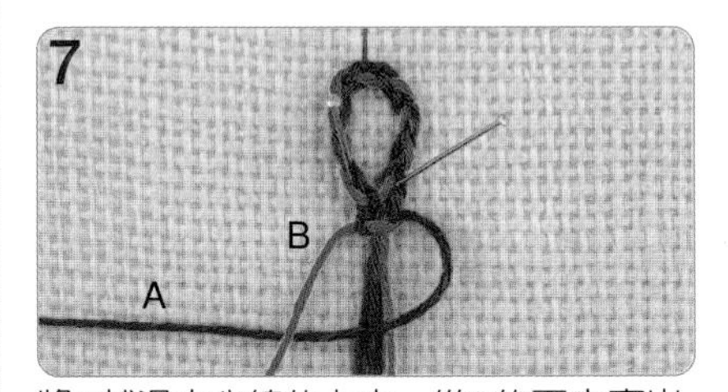
7
B
A

將A越過中心線的上方，從B的下方穿出
。

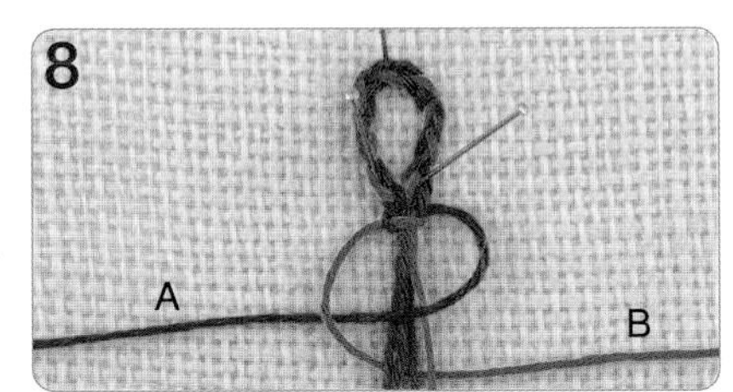
8
A
B

將B穿過中心線的下方。

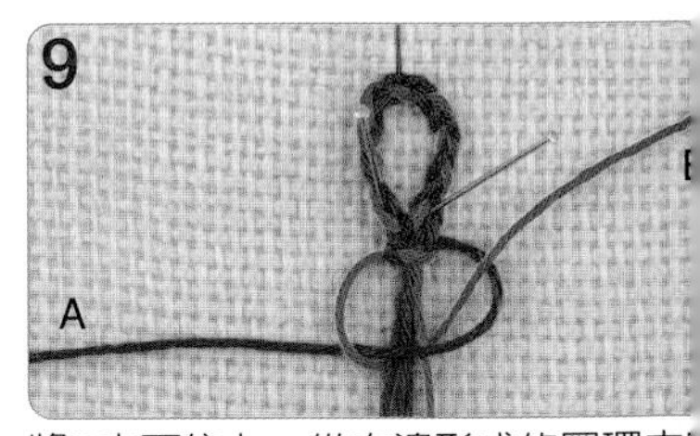
9
A

將B由下往上，從右邊形成的圈環中
出。

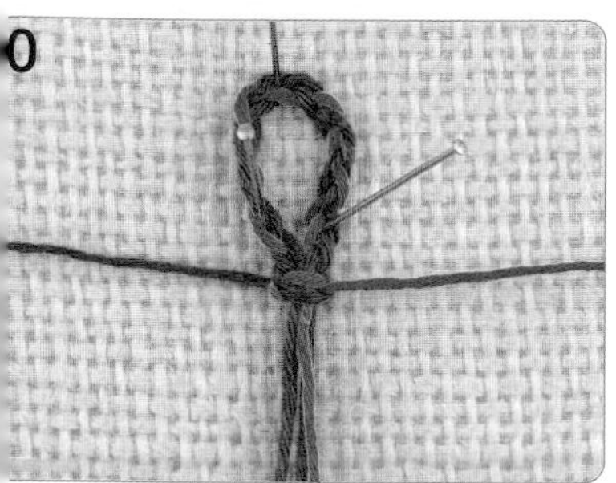
0

匀地拉緊A和B。

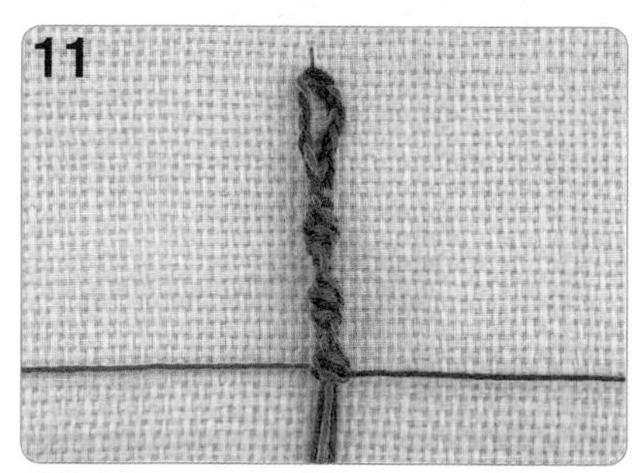
11

重複步驟3～10，編成15.5cm長的螺旋結。

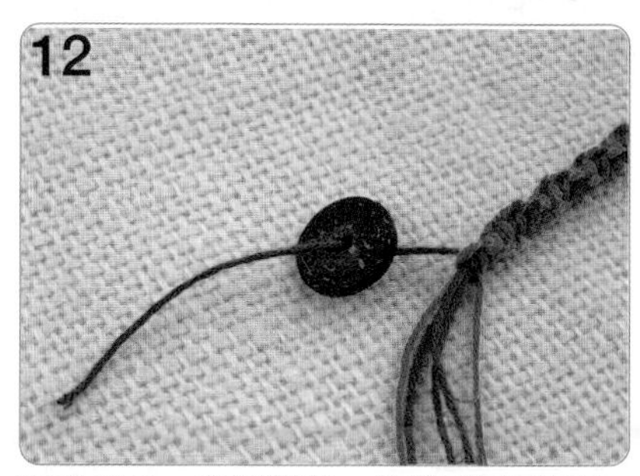
12

完成15.5cm的結飾後，先將1條線穿過扁木珠。

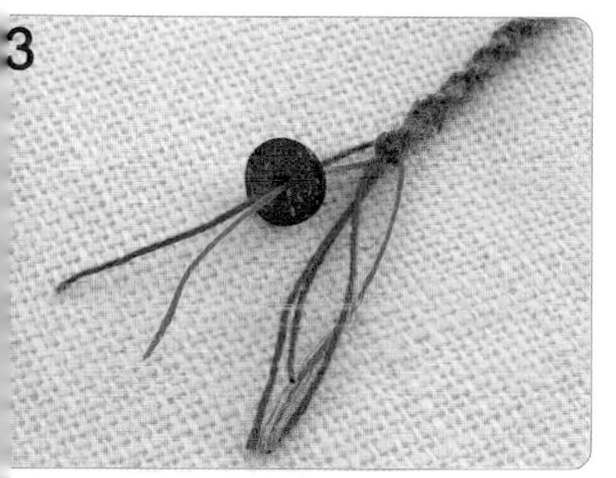
3

穿入第2條線。

14

接著穿第3條線。將第3條線夾在之前穿過的2條線之間，拉動穿過的2條線，第3條線就能順利穿過去。

15

以同樣的方法，將所有的線都穿過木珠。

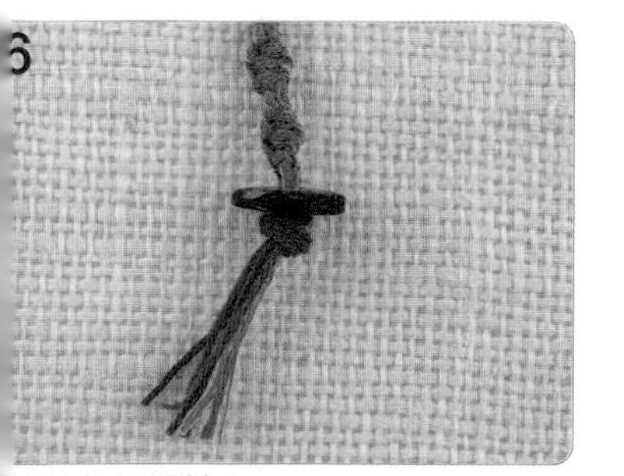
6

條線打個單結。

17

約保留2cm的線頭，其餘的線剪掉，手環就完成了。

＊材料／Marchen Art＊

麻繩線團（細）

1 中心線 民族風漸層色（372）60cm1條

編織線 民族風漸層色（372）130cm2條

4 中心線 漸層藍色（373）60cm1條

編織線 漸層藍色（373）130cm2條

扁木珠 1.4 直徑1.5cm 1個

編製漸層色手環時，讓2條編織線的顏色變化一致，就能編織出漂亮的作品。

Simple

8
9

8.9
手環
雙層螺旋結

這條層螺旋結手環，鮮明的螺旋
案令人印象深刻，只戴一條就十
搶眼！

handmade by Sinnsuke

作法請見P 24

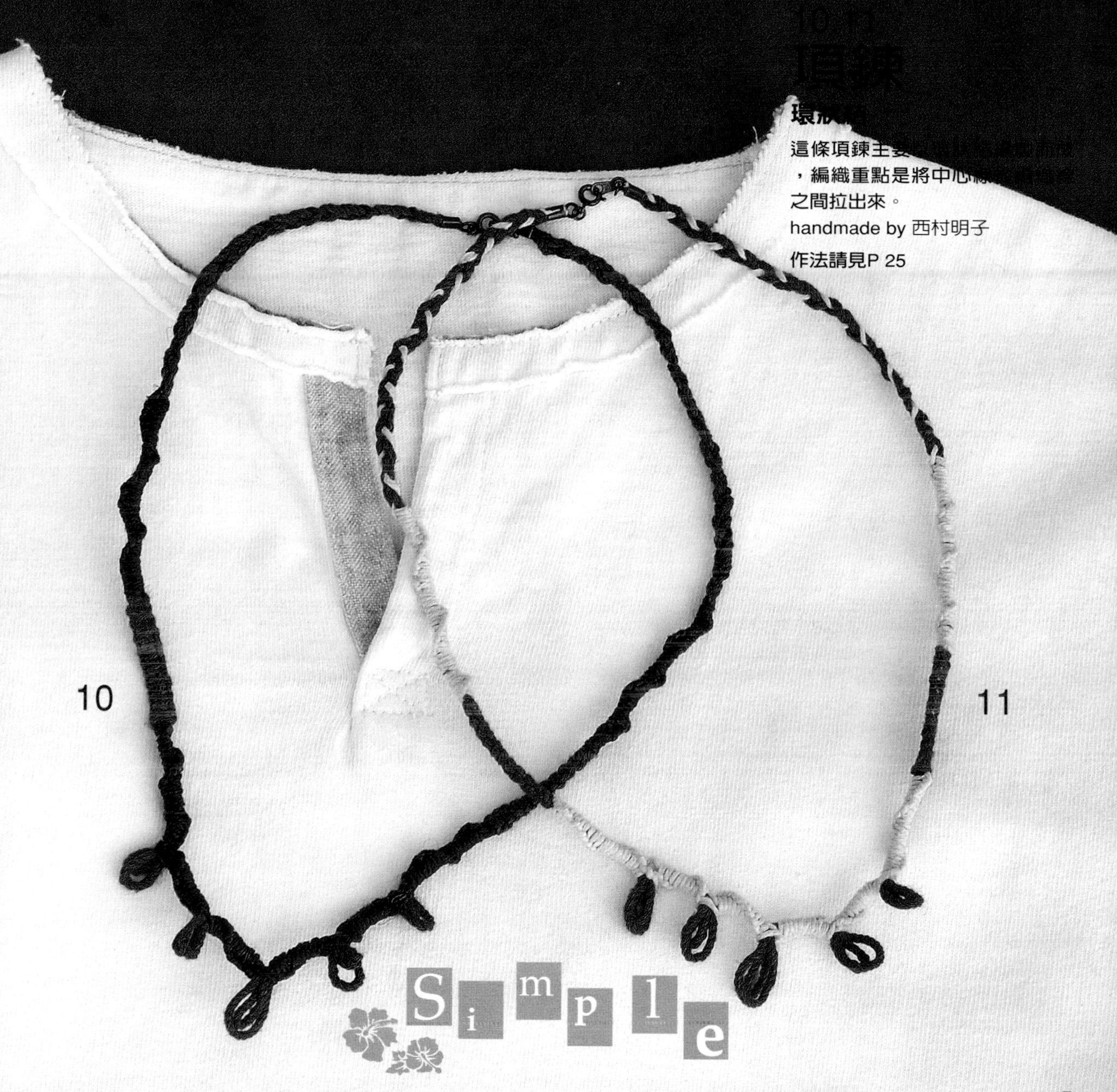
10
11
Simple

10,11 項鍊

環

這條項鍊主要
，編織重點是將中心
之間拉出來。

handmade by 西村明子

作法請見P 25

12～15
手環 並排平結

依據搭配的色彩，並排平結會很鮮明醒目喔！

組合不同顏色的6條線，手環將呈現截然不同的風味！

handmade by 西村明子

作法請見P 17

12

13

14

15

Simple

Simple

17
項鍊
平結×雙層螺旋結

這條項鍊的特色是串入一個花形串珠墜飾，米黃和綠色的搭配顯得相當清爽。

handmade by 西村明子

作法請見P26

16

17

16
手環
並排平結

這條可愛的手環，結飾猶如刺繡的圖樣，還可以用同色線編製一條項鍊喲！

handmade by 西村明子

作法請見P17

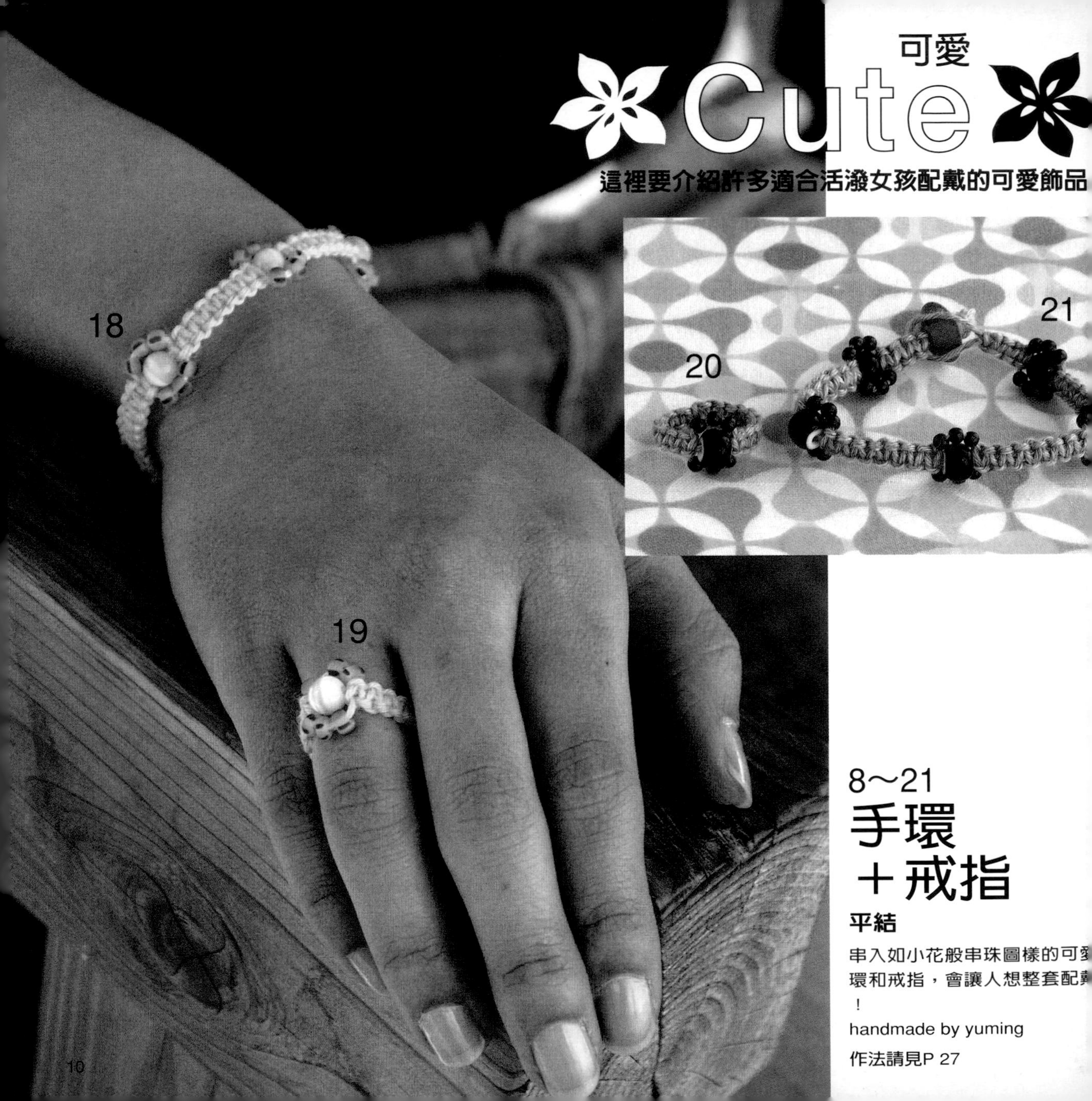
18
19
20
21

可愛

Cute

這裡要介紹許多適合活潑女孩配戴的可愛飾品

8～21
手環
＋戒指

平結

串入如小花般串珠圖樣的可
環和戒指，會讓人想整套配
！

handmade by yuming

作法請見P 27

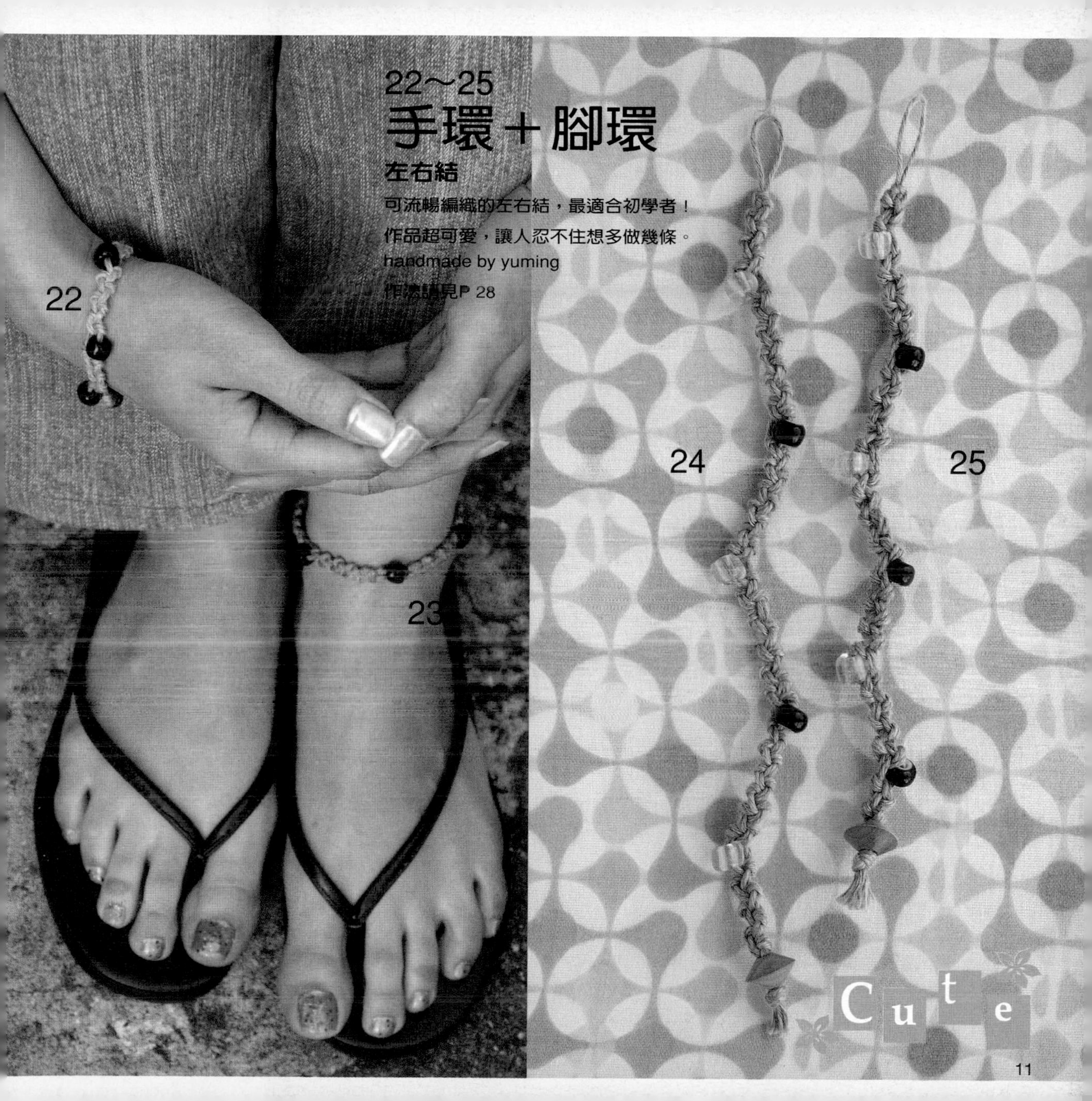
22～25
手環＋腳環
左右結
可流暢編織的左右結，最適合初學者！
作品超可愛，讓人忍不住想多做幾條。
handmade by yuming
作法請見P 28
22
23
24
25
Cute

Cute
26
27
28

平結

手環的特色是　　珠的十字圖樣，

中心　也使作　　加顯眼。

作法請見P 29

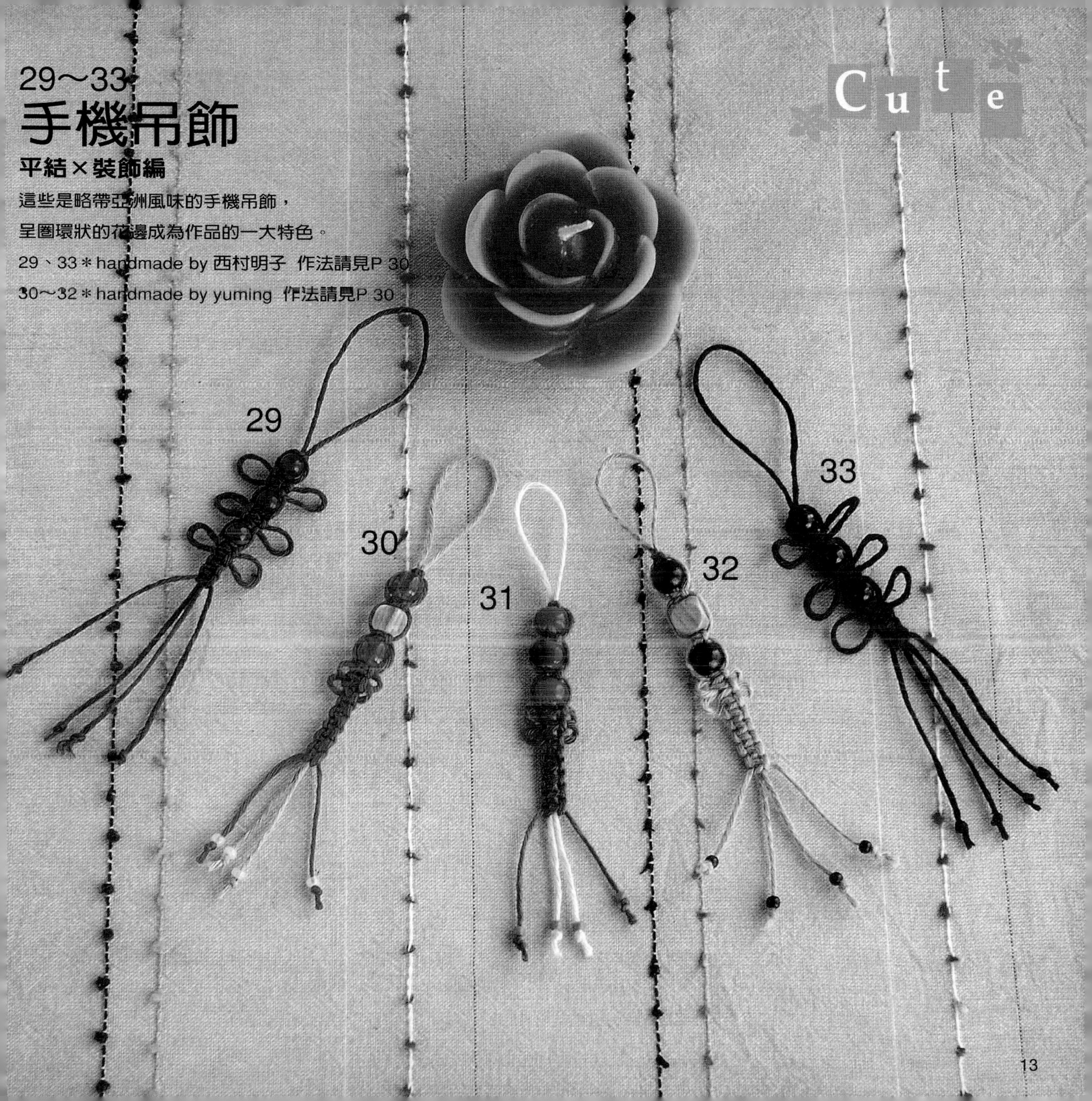

29～33
手機吊飾
平結×裝飾編

這些是略帶亞洲風味的手機吊飾，
呈圈環狀的花邊成為作品的一大特色。
29、33＊handmade by 西村明子 作法請見P 30
30～32＊handmade by yuming 作法請見P 30

Cute
29
30
31
32
33

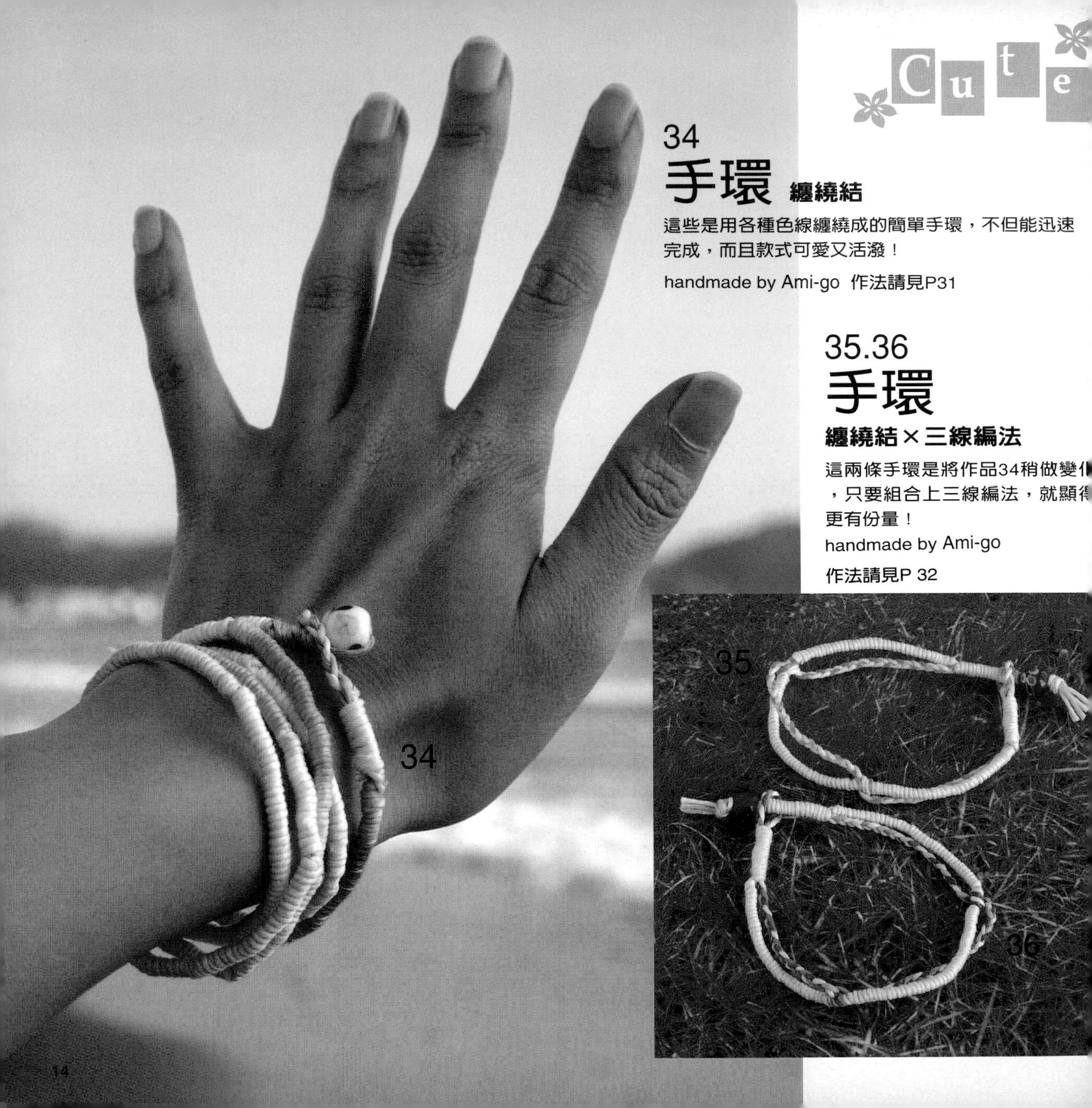
Cute
34
35
36

34
手環 **纏繞結**

這些是用各種色線纏繞成的簡單手環，不但能迅速完成，而且款式可愛又活潑！

handmade by Ami-go 作法請見P31

35.36
手環
纏繞結×三線編法

這兩條手環是將作品34稍做變化，只要組合上三線編法，就顯得更有份量！

handmade by Ami-go

作法請見P 32

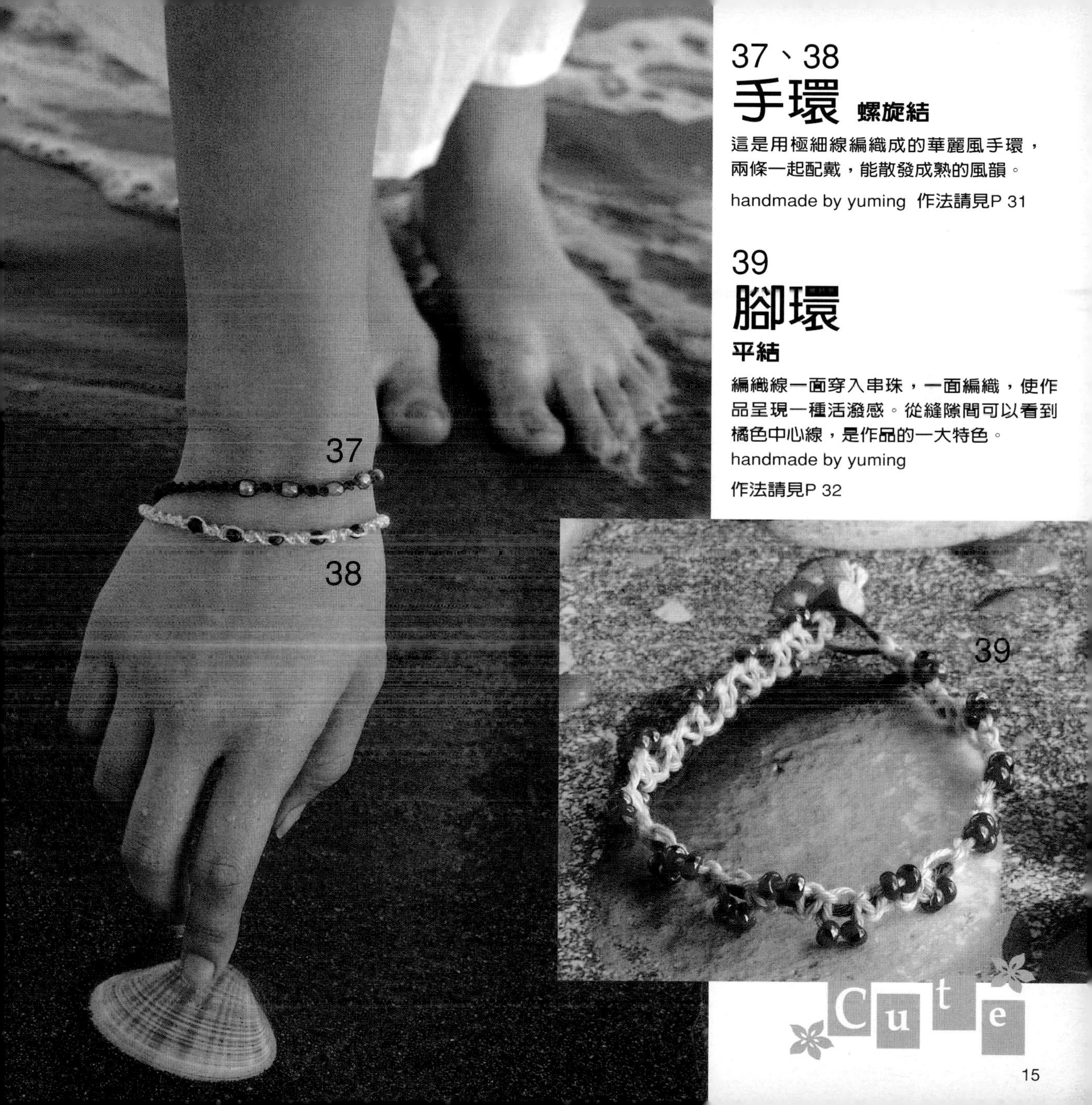
37
38
39
Cute

37、38
手環 螺旋結

這是用極細線編織成的華麗風手環，兩條一起配戴，能散發成熟的風韻。

handmade by yuming 作法請見P 31

39
腳環
平結

編織線一面穿入串珠，一面編織，使作品呈現一種活潑感。從縫隙間可以看到橘色中心線，是作品的一大特色。

handmade by yuming

作法請見P 32

帥氣
Hard
搭配服飾的重點飾品，
以麻繩製作就不會顯得太陽剛氣。
40
41

40.41
手環
並排平結

在自然的大地色手環中，穿插質配件，使飾品更添帥氣！

handmade by西村明子

作法請見P 17

16 No.40・41

成長度約39cm

料

繩線團（細）／Hamanaka

品40 中心線 土黃色（F-10、col-5） 50cm2條
織線 土黃色（F-10、col-5） 80cm4條

品41 中心線 褐色（F-10、col-4） 50cm2條
織線 褐色（F10、col-4） 80cm4條

屬串珠

品40・41 銀質串珠・6×6mm（兩孔）各5個

品40・41

將6條線對齊合攏，距離邊端15cm處鬆地打個單結（p.43）

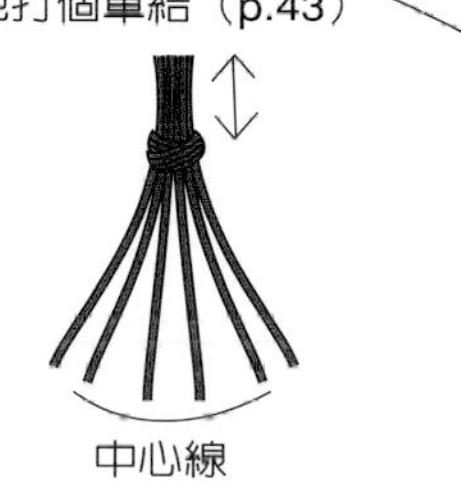

中心線

1.5cm

10.同9.編7cm

2.以中央的4條線作為中心線，打1次平結（p.47）

3.打4次並排平結（p.52），再打1次平結

4.將2條中心線穿入串珠中，打1次平結

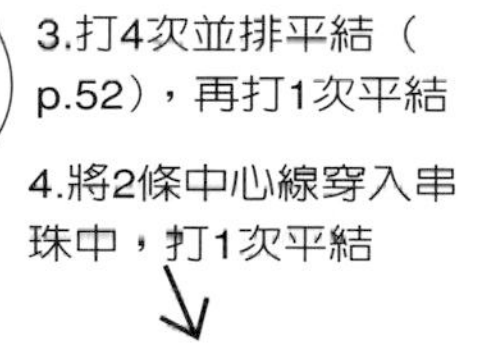

中心線

反面

多餘的中心線置於串珠後面

5.打6次並排平結，再打1次平結。

6.步驟4、5共編3次

7.同4.

8.同3.

9.將3條線分成一組，編13cm三條編法（p.44），打1個單結後剪掉多餘的線。

P8 No.12～15 P9 No.16

完成長度約32cm

材料

混合麻線（ethnic cord）作品12・13 麻繩線團作品14～16／Takagi纖維

作品12 中心線 漸層桃紅色（CM-657） 70cm2條 編織線A 漸層桃紅色（CM-657） 80cm2條 編織線B 漸層藍色（CM-658） 160cm1條

作品13 中心線 漸層綠色（CM-660） 70cm2條 編織線A 漸層黃色（CM-659） 80cm2條 編織線B 漸層黃色（CM-659） 160cm1條

作品14 中心線 紅色（CM-663） 70cm2條 編織線A 米黃色（CM-661） 80cm2條 編織線B 紅色（CM-663） 160cm1條

作品15 中心線 黃色（CM-664） 70cm2條 編織線A 黃色（CM-664） 80cm2條 編織線B 紫色（CM-666） 160cm1條

作品16 中心線 米黃色（CM-661） 70cm2條 編織線A 綠色（CM-665） 80cm2條 編織線B 綠色（CM-665） 160cm1條

作品12～16

1.以中心線、編織線A作為中心，用編織線B打單結（p.43）（請參照圖1）

2.用編織線B打1次平結（p.47）

7.同6編4.5cm

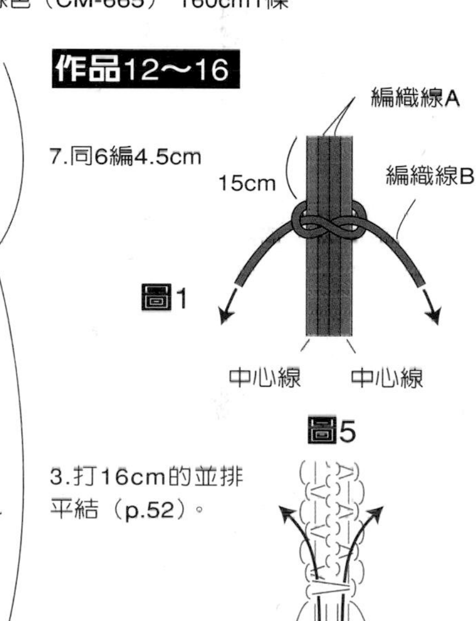

編織線A
15cm
編織線B
圖1
中心線
中心線
圖5

3.打16cm的並排平結（p.52）。

4.編織結束處打1次平結

6.編8cm四線編法（p.45），打單結後剪掉多餘的線。

5.打過平結的線，打2次單結，再穿過結眼。剪掉多餘的線後，塗上白膠固定。

42.43
項鍊＋戒指

螺旋結×圓柱四層結×十字螺旋結　平結

這是雙色項鍊和戒指組，白與黑形成的絕妙平衡，使作品別具風格！

handmade by Sinnsuke 作法請見P19

43
42
Hard

P18 No.42

成長度約55cm
料

繩線團／Takagi纖維
心線 米黃色（CM-661） 120cm1條
織線A 米黃色（CM-661） 480cm1條
織線B 黑色（CM-662） 480cm1條
質配件 8mm・圓形線紋2個 10mm・圓形線紋1個

品42

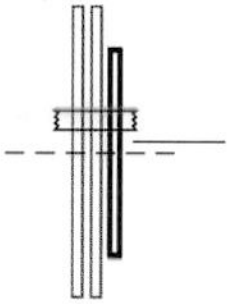

1.從距離中心線和編織線中央的上方1.5cm處，用膠帶固定，編3cm三線編法（p.44）

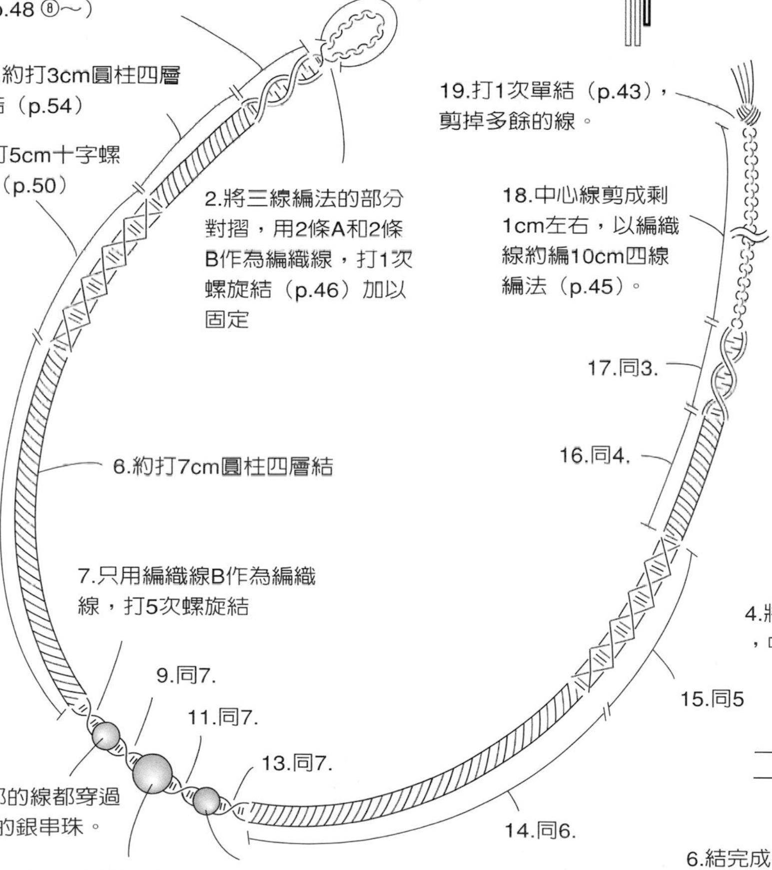

1.5cm

2.將三線編法的部分對摺，用2條A和2條B作為編織線，打1次螺旋結（p.46）加以固定

約打2cm雙層左旋（p.48 ⑧～）

4.約打3cm圓柱四層結（p.54）

約打5cm十字螺結（p.50）

6.約打7cm圓柱四層結

7.只用編織線B作為編織線，打5次螺旋結

全部的線都穿過mm的銀串珠。

9.同7.

10.全部的線都穿過10mm的銀串珠。

11.同7.

12.同8.

13.同7.

14.同6.

15.同5

16.同4.

17.同3.

18.中心線剪成剩1cm左右，以編織線約編10cm四線編法（p.45）。

19.打1次單結（p.43），剪掉多餘的線。

P18 No.43

指圍約6cm
材料

麻繩線團／Takagi纖維
中心線 黑色（CM-662） 20cm1條
編織線 黑色（CM-662） 70cm1條
銀質配件
8mm・圓形線紋1個

作品43

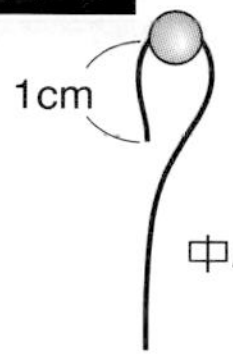

1cm
中心線

1.將中心線穿過串珠。

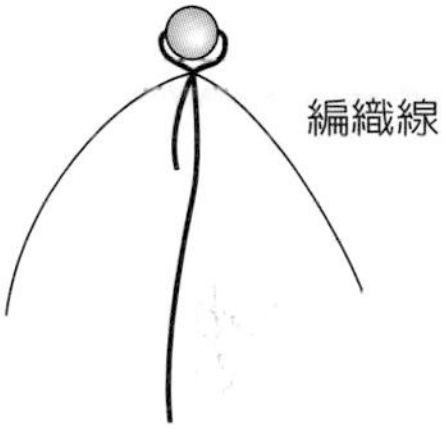

編織線

2.將編織線的中央，綁在中心線上。

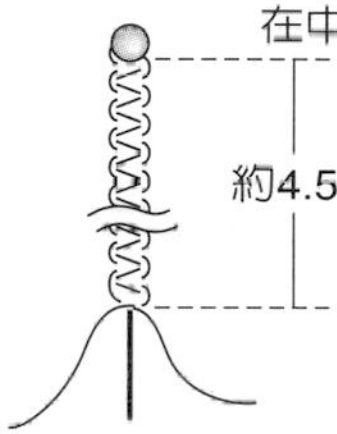

約4.5cm

3.約打4.5om平結（p.47）。

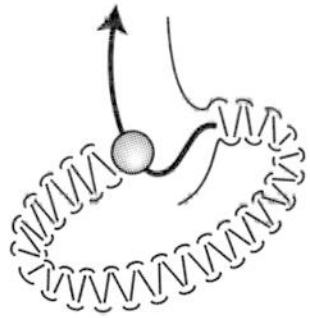

4.將平結部分摺成圈環，中心線穿過串珠。

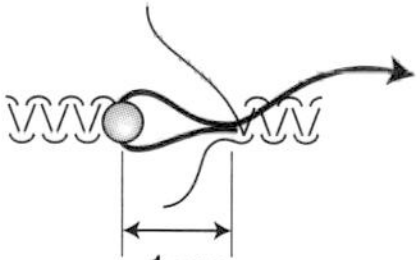

1cm

5.將穿過串珠的2條中心線合攏，約打1cm平結。

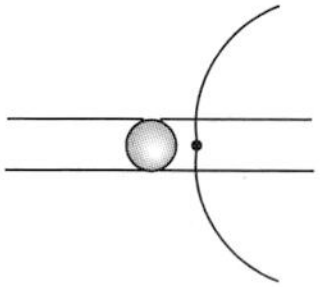

6.結完成後，在戒指裡側打個死結，在結眼塗上手藝用白膠使其更牢固。

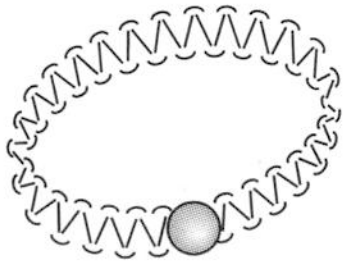

7.剪掉多餘的線即完成。

44

Hard

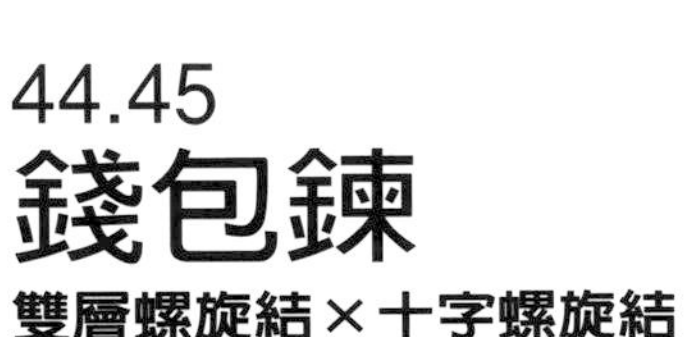

44.45 錢包鍊

雙層螺旋結×十字螺旋結

這件雙色錢包鍊還裝飾上流蘇！

作品44直接以中心線作為流蘇，45是四線編法加上串

handmade by Sinnsuke

作法請見P 21

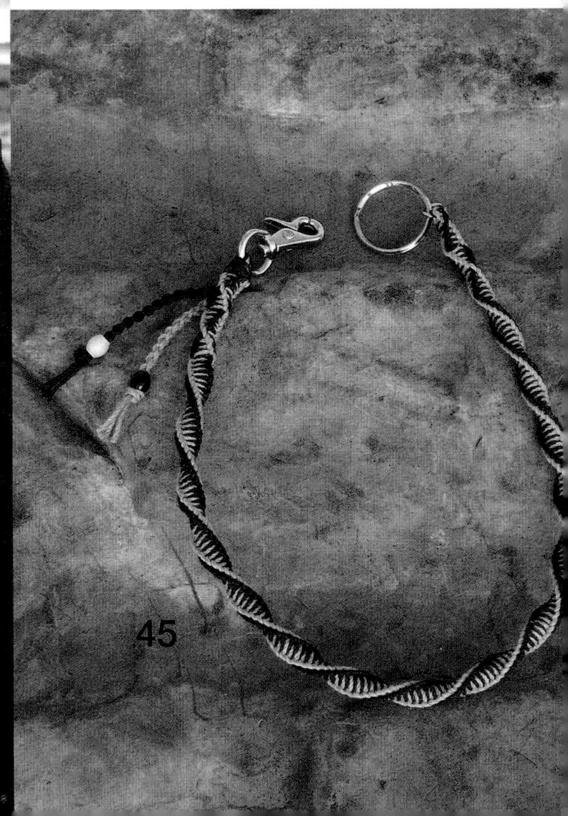
45

P20 No.44

完成長度約61cm

材料

麻繩線團（中）／Marchen Art

中心線A 原色（361） 140cm2條

中心線B 苔蘚綠（323） 140cm2條

編織線A 原色（361） 600cm1條

編織線B 苔蘚綠（323） 600cm1條

木串珠／Marchen Art

米黃色・14×21mm・棗形（MA2219）4個

黑色・14×21mm・棗形（MA2219）4個

金屬配件

問號鉤 銀色・50mm、

鑰匙環 銀色・30mm、單圈 銀色・9mm各1個

P20 No. 45

完成長度約61cm

材料

麻繩線團（中）／Marchen Art

中心線A 原色（361） 140cm2條

中心線B 黑色（326） 1400m2條

編織線A 原色（361） 600cm1條

編織線B 黑色（326） 600cm1條

木串珠／Marchen Art

米黃色・14×21mm・棗形（MA2219）1個

黑色・14×21mm・棗形（MA2219）1個

金屬配件

問號鉤 銀色・50mm、

鑰匙環 銀色・30mm、單圈 銀色・9mm各1個

作品44、45

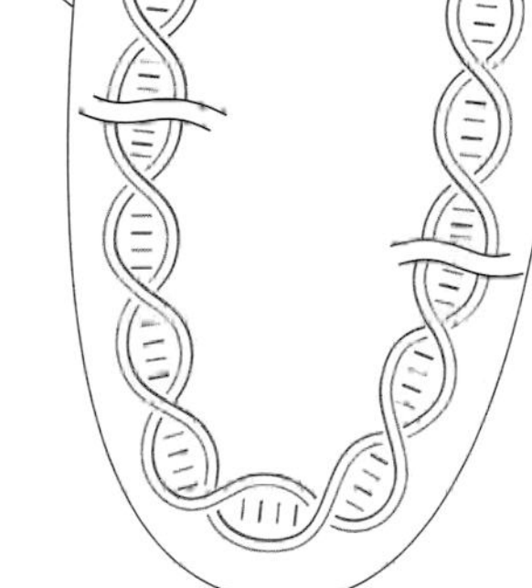

鑰匙環
問號鉤
單圈
1.將中心線A、B和編織線A、B穿過單圈，左右線頭對齊，兩側各取2條編織線打1次左旋結（p.46）（請參照圖1）
2.約打4cm十字螺旋結（p.50）
3.約打40cm雙層左旋結（p.48 ⑧～）
4.約打4cm十字螺旋結
5.將中心線穿過問號鉤，在下方2cm處綁上編織線。
6.在步驟5綁住的2cm中心線上，打十字螺旋結，一直打到最上面。
7.使用其中的2條編織線，如圖7般打結，最後剪掉多餘的線。（請參照圖7）
8.請參照圖8

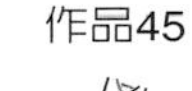

編織線
編織線
中心線

圖1

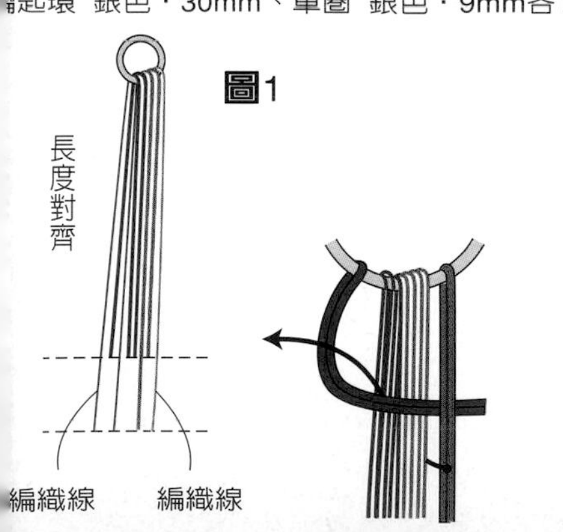

長度對齊
編織線
編織線

圖7

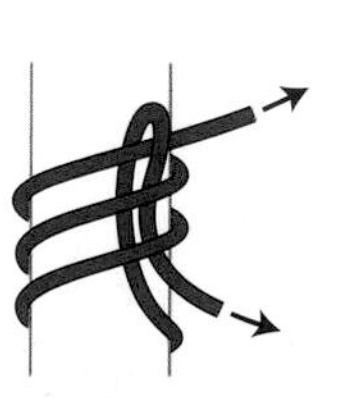

如箭頭所示用力拉緊線，結眼塗上手藝用白膠，再剪掉多餘的線。

作品44

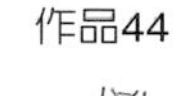
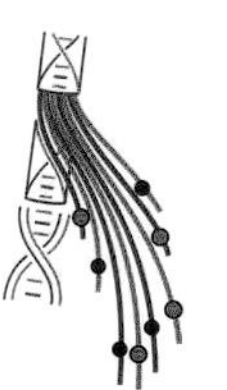

隨意剪斷線，穿過串珠後打單結（p.43）。

作品45

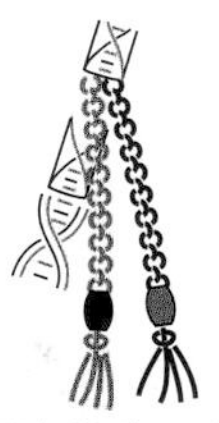

同色線為一組編四線編法（p.45），穿過串珠後打單結。

Hard
47
46

46.47
項鍊＋腳環

雙層螺旋結×環狀結

螺旋結×環狀結

原色黃麻線中，還裝飾著銀質小配件。
兩件作品一起配戴顯得更時髦有型！
handmade by Ami-go

作法請見P 23

P22 No.46

完成長度約78cm

材料

黃麻線／Takagi纖維

中心線　米黃色（CM-600）　100cm2條

編織線A　深藍色（CM-603）　200cm2條

編織線B　米黃色（CM-600）　300cm2條

金屬配件

×10mm・筒形墜飾1個

直徑10×6mm・戒環狀5個

P22 No. 47

完成長度約50cm

材料

黃麻線／Takagi纖維

A　深藍色（CM-603）　150cm2條

B　米黃色（CM-600）　230cm1條

金屬配件

直徑6×4mm・筒形4個

22×11mm・筒形1個

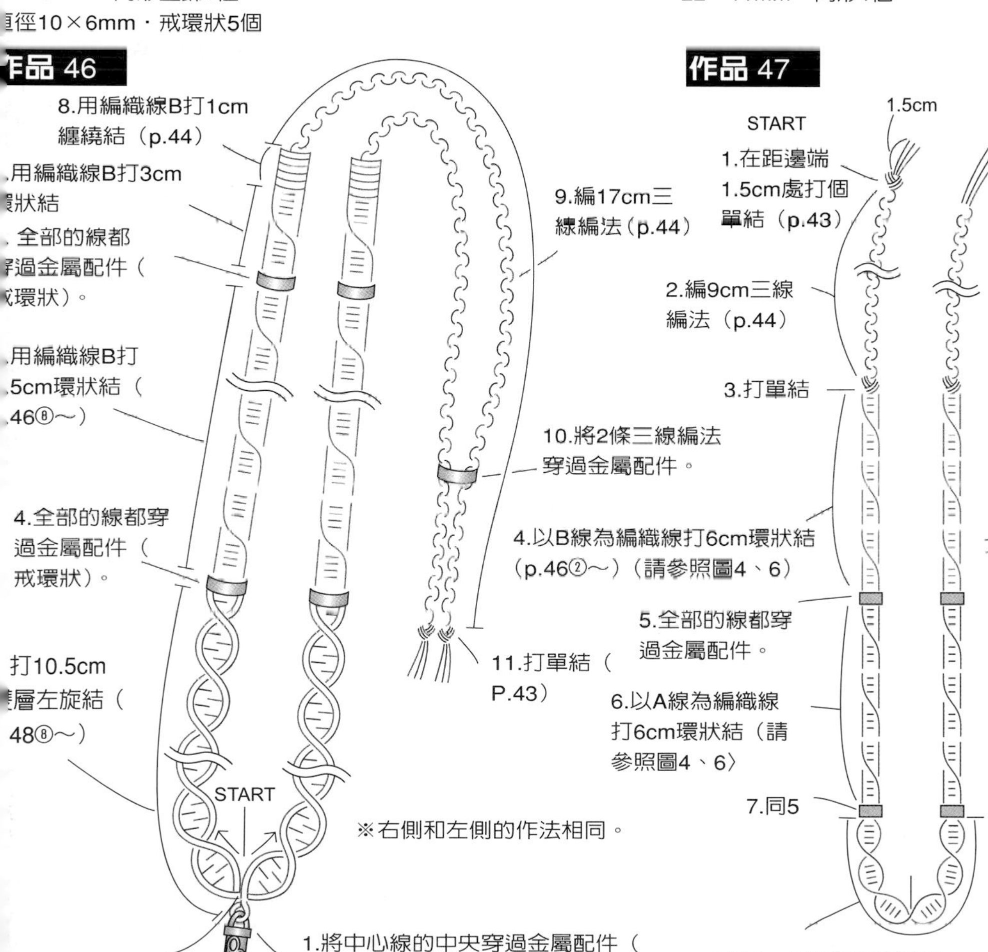

作品 46
8.用編織線B打1cm
纏繞結（p.44）
.用編織線B打3cm
環狀結
. 全部的線都
穿過金屬配件（
戒環狀）。
.用編織線B打
.5cm環狀結（
.46⑧～）
4.全部的線都穿
過金屬配件（
戒環狀）。
打10.5cm
雙層左旋結（
48⑧～）
START
在1條中心線上，分
綁上編織線A和B。
1.將中心線的中央穿過金屬配件（
筒形墜飾），用中心線打個單結。
9.編17cm三
線編法（p.44）
10.將2條三線編法
穿過金屬配件。
11.打單結（
P.43）
※右側和左側的作法相同。

作品 47

START

1.5cm

1.在距邊端1.5cm處打個單結（p.43）

2.編9cm三線編法（p.44）

3.打單結

4.以B線為編織線打6cm環狀結（p.46②～）（請參照圖4、6）

5.全部的線都穿過金屬配件。

6.以A線為編織線打6cm環狀結（請參照圖4、6〉

7.同5

8.以A、B線為編織線打5cm左旋結（p.46）

圖4、6

A　B　C

完成作品

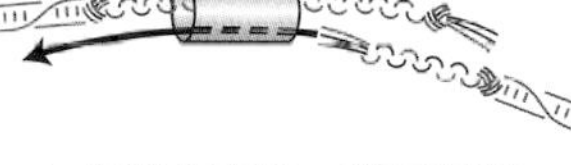

金屬配件筒形

1.全部編完後，將三線編法的部分，從左右穿過筒形金屬配件。

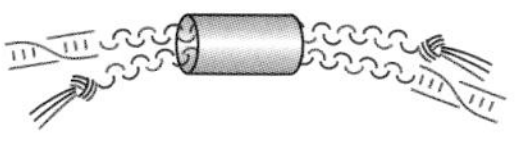

2.穿入後，沒打結的那條打個單結，作品即完成。

※右側和左側的作法相同。

P2、3 No. 3、5～7

完成長度約22cm

材料

麻繩線團（細）／Marchen Art

作品3 中心線 原色（361） 70cm1條
編織線A 原色（361） 210cm1條
編織線B 綠色（331） 210cm1條

作品5 中心線 原色（361） 70cm1條
編織線A 原色（361） 210cm1條
編織線B 藍綠色（330） 210cm1條

作品6 中心線 原色（361） 70cm1條
編織線A 原色（361） 210cm1條
編織線B 深褐色（324） 210cm1條

作品7 中心線 原色（361） 70cm1條
編織線A 原色（361） 210cm1條
編織線B 漸層彩虹色（375） 210cm1條

木串珠／Marchen Art

作品3 綠色・8mm・圓形（MA2201）1顆
作品5 藍色・8mm・圓形（MA2201）1顆
作品6 褐色・8mm・圓形（MA2201）1顆
作品7 黑色・8mm・圓形（MA2201）1顆

P6 No. 8・9

長度約22cm

材料

麻繩線團（細）／Marchen Art

作品8 中心線 原色（361） 70cm1條
編織線A 原色（361） 210cm1條
編織線B 深褐色（324） 210cm1條

作品9 中心線 原色（361） 70cm1條
編織線A 原色（361） 210cm1條
編織線B 漸層彩虹色（375） 210cm1條

陶珠

作品8 黑色・8mm・圓形1顆
作品9 藍色・8mm・圓形1顆

作品3、5～7 **作品8、9**

1在線的中央編3cm三條編法p.44）（請參照圖1）

START

2.打1次左旋結（p.46）。（請參照圖2）

3.打18cm角型四層結（p.55）

3.打18cm雙層左旋結（p.48⑧～）

4.全部的線都穿過木珠。

4.全部的線都穿過陶珠。

1.5cm

5.打單結（P.46），剪掉多餘的線即完成

圖1

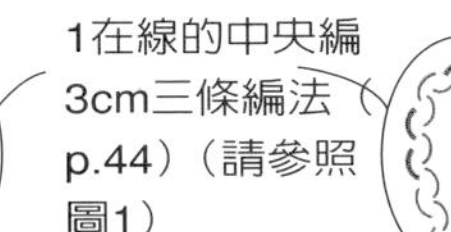

中心線
1.5cm
中央

對齊3條線的中央點，在距中央約1.5cm的上方用膠帶固定。
從膠帶下方開始約編3cm三線編法。
漸層編織線從中央開始，兩側的顏色要相互對稱。

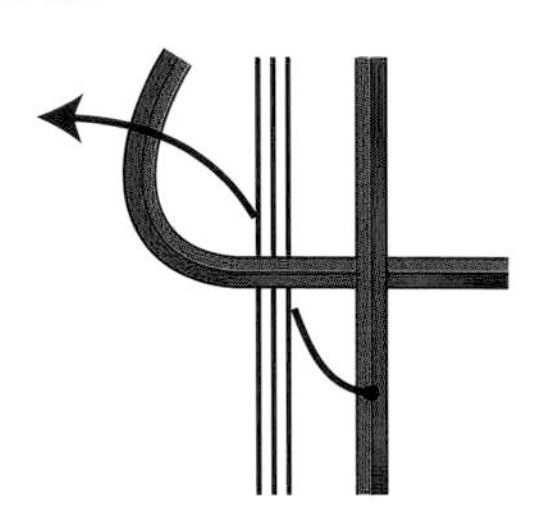

將三線編法摺成圈環，以2條編織線為一組，打1次左旋結。

編織線排列法

3、5～7的作品

A
B
中心線

8、9的作品

A B 中心線 B A

P7 No. 10・11

完成長度約52cm

材料

麻繩線團（中心線-中、編織線-細）／Hamanaka

作品10 中心線 土黃色（F-20、col-5） 65cm2條

編織線A 藏青色（F-10、col-9） 150cm2條

編織線B 土黃色（F10、col-5） 60cm2條

作品11 中心線 土黃色（F-20、col-5） 65cm2條

編織線A 白色（F-10、col-1） 150cm2條

編織線B 土黃色（F-10、col-5） 60cm2條

金屬配件

作品10・11 鎖頭（大）、橢圓單圈 3mm各2個（全部青銅色）

圓形鍊頭 6mm、 水滴片 8mm各1個（全部青銅色）

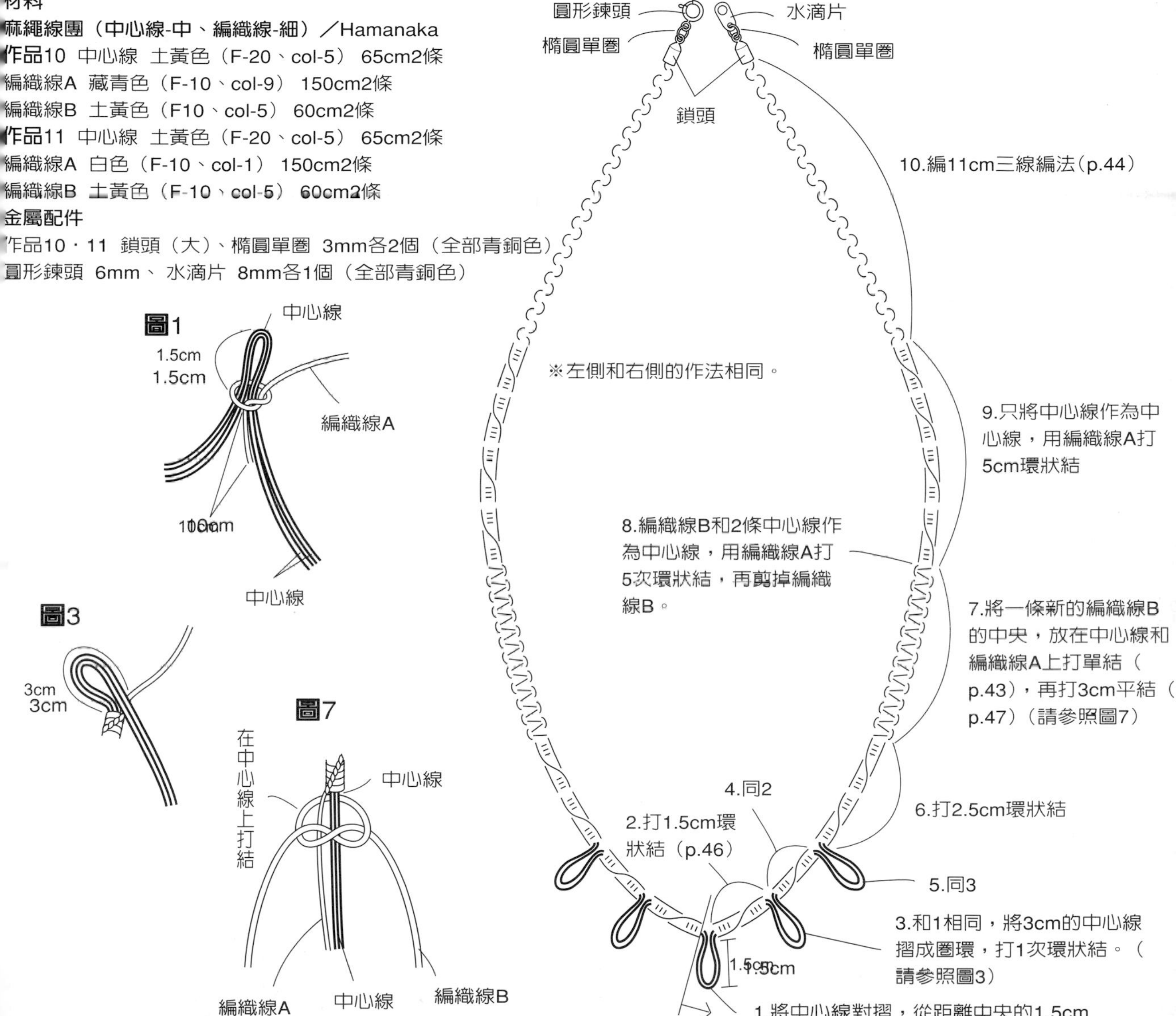

作品10、11
11.安裝金屬配件（p.42）
圓形鍊頭
水滴片
橢圓單圈
橢圓單圈
鎖頭
10.編11cm三線編法（p.44）
※左側和右側的作法相同。
9.只將中心線作為中心線，用編織線A打5cm環狀結
8.編織線B和2條中心線作為中心線，用編織線A打5次環狀結，再剪掉編織線B。
7.將一條新的編織線B的中央，放在中心線和編織線A上打單結（p.43），再打3cm平結（p.47）（請參照圖7）
4.同2
2.打1.5cm環狀結（p.46）
6.打2.5cm環狀結
5.同3
3.和1相同，將3cm的中心線摺成圈環，打1次環狀結。（請參照圖3）
1.5cm
1.將中心線對摺，從距離中央的1.5cm處綁上編織線A。（請參照圖1）
START
圖1
中心線
1.5cm
編織線A
10cm
中心線
圖3
3cm
圖7
在中心線上打結
中心線
編織線A
中心線
編織線B

P9 No. 17

完成長度約78cm

材料

麻繩線團／Takagi纖維

中心線　米黃色（CM-661）100cm2條

編織線A　米黃色（CM-661）180cm2條

編織線B　綠色（CM-665）180cm2條

花型玻璃串珠

20mm1個

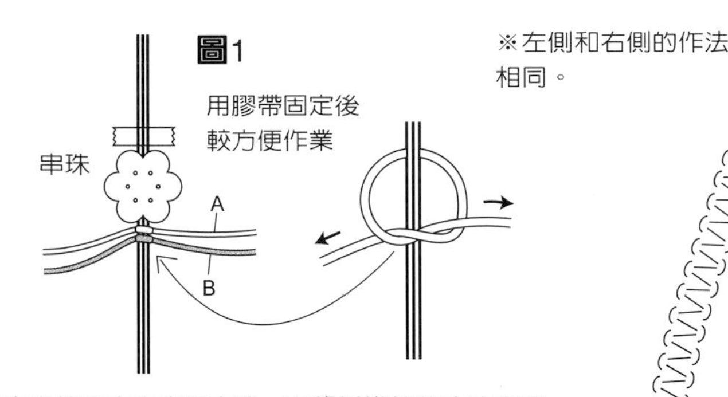

圖1
用膠帶固定後
較方便作業
串珠
A
B

中心線的中央穿過串珠，再將編織線的中央緊緊地綁在上面。

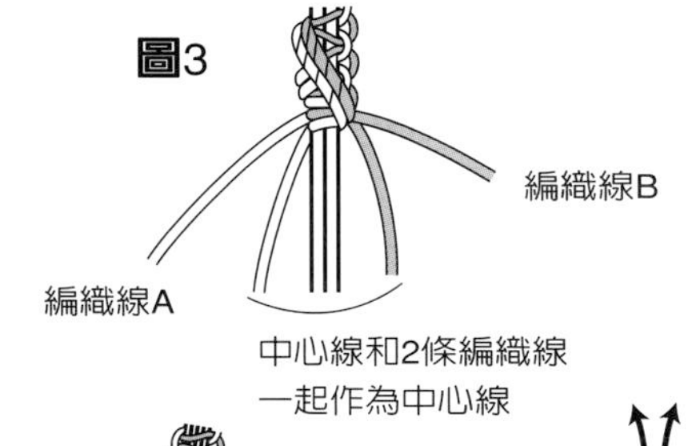

圖3
編織線B
編織線A
中心線和2條編織線
一起作為中心線

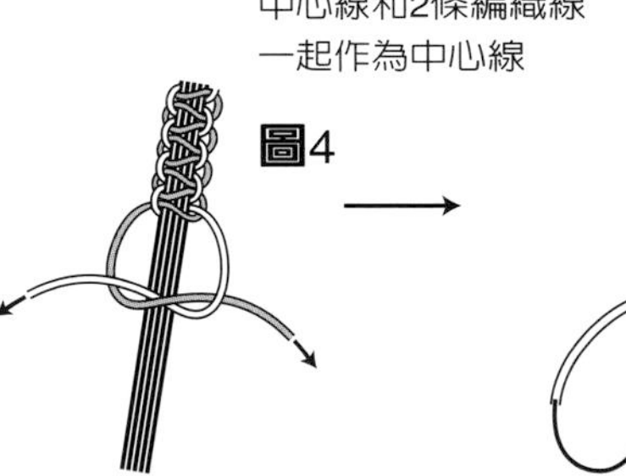

圖4

平結打完後翻至反面，用編織線打死結。

將編織線穿入平結裡側的結眼中，剪掉多餘的線後，塗上白膠固定。

作品17

※左側和右側的作法相同。

START

1.在中心線的中央穿入串珠，再綁上編織線A和B。（請參照圖1）

2.打5次雙層左旋結（p.48⑧～）

3.將編織線A和B各1條，和2條中心線一起作為中心線，打17cm平結（p.47）。（請參照圖3）

4.請參照圖4，處理編織線。

5.編20cm四線編法（p.45）

6.用4條中心線打單結（p.43）

7.從距離結眼2cm處，剪掉多餘的線。

P10 No. 18・19

作品18 完成長度約19cm、作品19 指圍約6cm

材料

麻繩線團（細）／Marchen Art

作品18 中心線 原色（321） 60cm1條

編織線 原色（321） 170cm1條

作品19 中心線 原色（321） 20cm1條

編織線 原色（321） 60cm1條

玻璃小串珠（A）

作品18 桃紅色・4mm30顆 作品19 桃紅色・4mm6顆

貓眼串珠（B）

作品18 白色・6mm・環形5顆

作品19 白色・6mm・環形1顆

木串珠／Marchen Art

作品18・19 菱形小串珠（MA2223）各1顆

作法 P10 No. 20・21

作品20 指圍約6cm、 作品21 完成長度約19cm

材料

麻繩線團（細）／Marchen Art

作品20 中心線 暗紅色（343） 200m1條

編織線 暗紅色（343） 600m1條

作品21 中心線 暗紅色（343） 60cm1條

編織線 暗紅色（343） 170cm1條

木串珠（A）

作品20 褐色・3mm6顆 作品21 褐色・3mm30顆

玻璃串珠（B）

作品20 紅色・5mm1顆 作品21 紅色・5mm5顆

木串珠／Marchen Art

作品20・21 菱形小串珠（MA2223）各1顆

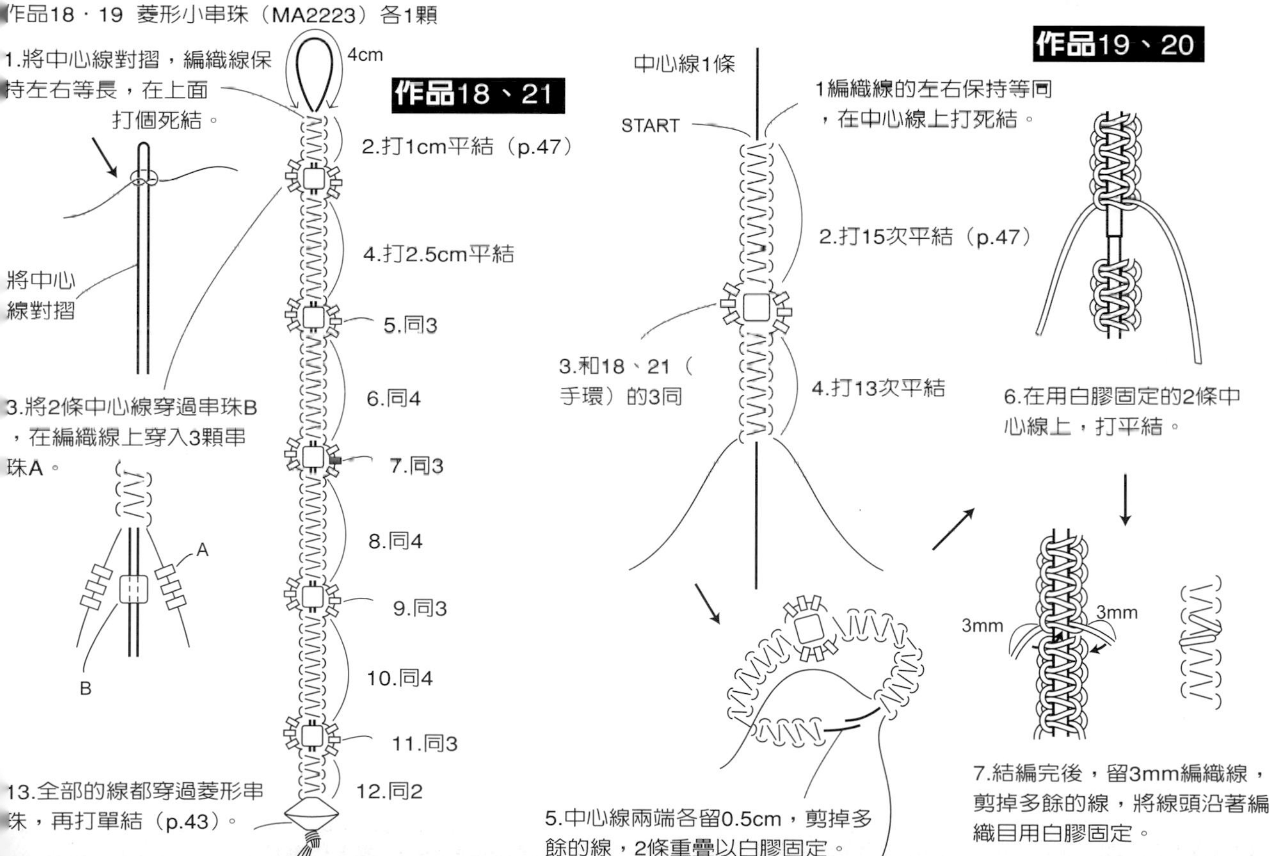

作品18、21
1.將中心線對摺，編織線保持左右等長，在上面打個死結。
4cm
將中心線對摺
2.打1cm平結（p.47）
4.打2.5cm平結
5.同3
6.同4
7.同3
8.同4
9.同3
10.同4
11.同3
12.同2
3.將2條中心線穿過串珠B，在編織線上穿入3顆串珠A。
A
B
13.全部的線都穿過菱形串珠，再打單結（p.43）。
作品19、20
中心線1條
START
1編織線的左右保持等同，在中心線上打死結。
2.打15次平結（p.47）
3.和18、21（手環）的3同
4.打13次平結
5.中心線兩端各留0.5cm，剪掉多餘的線，2條重疊以白膠固定。
6.在用白膠固定的2條中心線上，打平結。
3mm
3mm
7.結編完後，留3mm編織線，剪掉多餘的線，將線頭沿著編織目用白膠固定。

P11 No. 22・25

完成長度約20cm

材料

麻繩線團（細）／Marchen Art

作品22 原色（361） 130cm2條

作品25 暗紅色（343） 130cm1條 原色（361） 130cm1條

結飾串珠

作品22 7mm・橘色、淡橘色各3顆

作品25 7mm・透明3顆

玻璃串珠 作品25 7mm・紅色3顆

木串珠／Marchen Art

作品22・25 菱形小串珠（MA2223）各1顆

P11 No. 23・24

完成長度約25cm

材料

麻繩線團（細）／Marchen Art

作品23 原色（361） 150cm2條

作品24 暗紅色（343） 150cm1條 原色（321） 150cml條

結飾串珠

作品23 7mm・橘色3顆 7mm・淡橘色2顆

作品24 7mm・透明3顆

玻璃串珠 作品24 7mm・紅色2顆

木串珠／Marchen Art

作品22・24

菱形小串珠（MA2223）各1顆

圖1

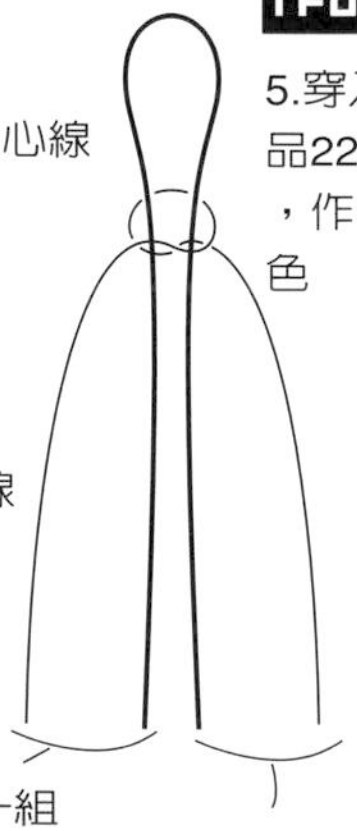

中心線

編織線

2條線為一組

2條線為一組

作品23、24

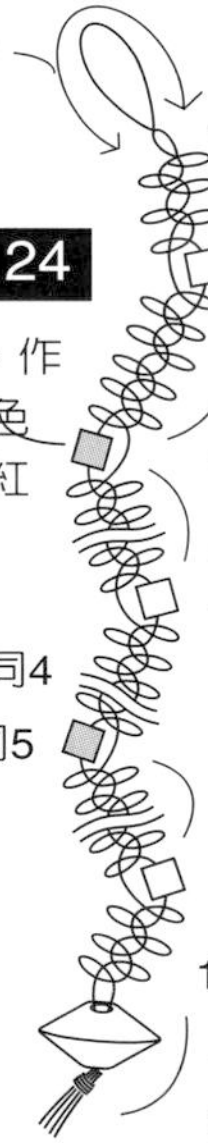

4cm

1.和手環作法相同（請參照圖1）

2.以2條線為一組，打5次左右結（p.56）

3.穿入串珠，作品23是橘色，作品24是透明的

4.打10次左右結

5.穿入串珠，作品22是淺橘色，作品24是紅色

6.同4

7.同3

8.同4

9.同5

10.同4

11.同3

12.同2

13.穿過菱形串珠，打單結

作品22、25

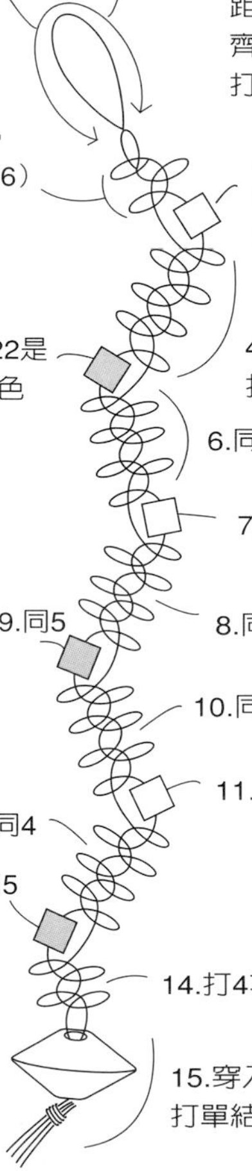

4cm

1.將中心線對摺，在距離中央2cm處，用左右保持等長的編織線打死結。（請參照圖1）

2.將2條線為一組，打3次左右結（p.56）

3.穿入串珠，作品22是淺橘色，作品25是透明的

4.2條線為一組打7次左右結

5.穿入串珠，作品22是橘色，作品25是紅色

6.同4

7.同3

8.同4

9.同5

10.同4

11.同3

12.同4

13.同5

14.打4次左右結

15.穿入菱形串珠，打單結（p.43）

P38 No. 50

完成長度約22cm

材料

麻繩線團（細）／Marchen Art

深褐色（324） 原色（361） 各150cm1條

木串珠／Marchen Art

褐色・8mm・圓形（MA2201）4顆

作品50

4cm

1.中心線對摺，在距離中央2cm處對齊編織線中央點，打死結。

2.打3次平結（p.47）。約空1.5cm長度後，用2條中心線作為編織線打1次平結，然後再空1.5cm長度，編織線和中心線交換打3次平結。

3.將線穿過木串珠。

4.打3組的步驟2、3。

5.打單結（p.43）後即完成

P12 No.26～28

完成長度約21cm

材料（這些作品是Marbee株式?社的配件商品）

麻繩線團（細）／Marchen Art

作品26　中心線　原色（361）　80cm2條　編織線　藍綠色（330）　250cm1條

作品27　中心線　原色（361）　80cm2條　編織線　苔蘚綠（323）250cm1條

作品28　中心線　原色（361）　80cm2條　編織線　紅色（329）　250cm1條

結飾串珠／Marchen Art

作品26　藍色（919）・直徑7mm5顆

作品27　綠色（920）・直徑7mm5顆

作品28　紅色（918）・直徑7mm5顆

扁木珠／Marchen Art

作品26～28　扁木珠（MA2224）各1個

作品26～28

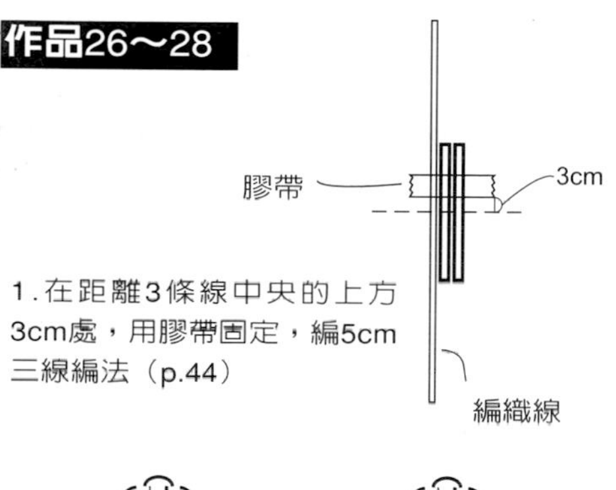

膠帶
3cm
編織線

1.在距離3條線中央的上方3cm處，用膠帶固定，編5cm三線編法（p.44）

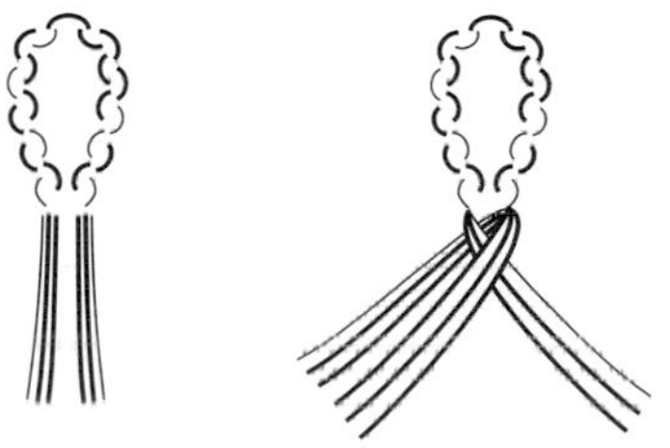

2.將三線編法部分對摺，在根部以2條線為一組，編三線編法使其合攏。

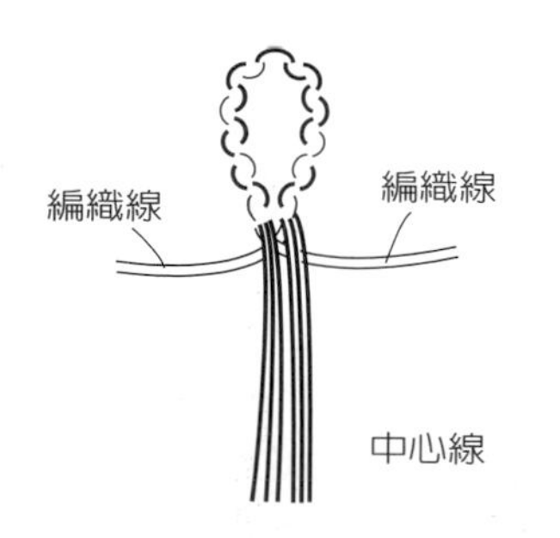

編織線
編織線
中心線

3.將編織線拉至左右兩側。

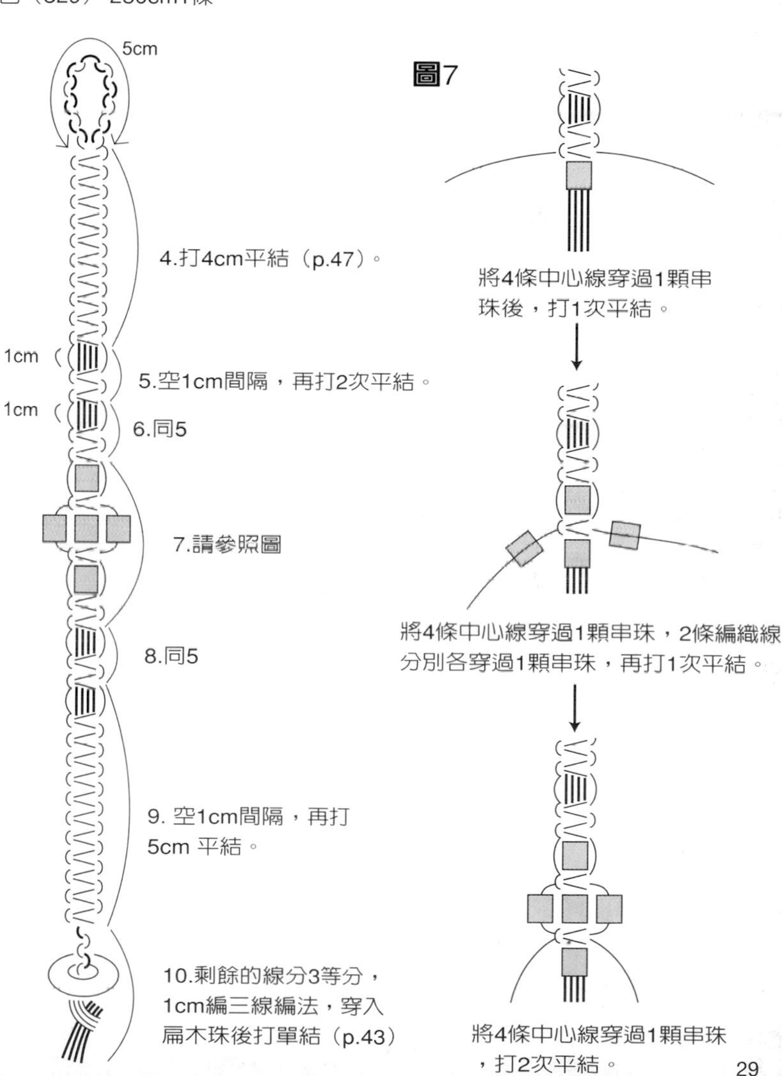

5cm
4.打4cm平結（p.47）。
1cm
1cm
5.空1cm間隔，再打2次平結。
6.同5
7.請參照圖
8.同5
9. 空1cm間隔，再打5cm 平結。
10.剩餘的線分3等分，1cm編三線編法，穿入扁木珠後打單結（p.43）
圖7
將4條中心線穿過1顆串珠後，打1次平結。
將4條中心線穿過1顆串珠，2條編織線分別各穿過1顆串珠，再打1次平結。
將4條中心線穿過1顆串珠，打2次平結。

P13 No. 29・33

完成長度約12cm

材料

麻繩（細）／Hamanaka

作品29 中心線 藏青色（F-10、co1-9） 40cm1條

編織線 藏青色（F-10、col-9） 70cm1條

作品33 中心線 紅色（F-10、col-8） 40cm1條

編織線 紅色（F-10、col-8） 70cm1條

木串珠

作品29 橘色・6mm・圓形3顆

作品33 藏青色・6mm・圓形3顆

P13 No. 30～32

完成長度約14cm

材料

麻繩線團（細）／Marchen Art

作品30 中心線 原色（361） 40cm1條 編織線 藍綠色（330） 70cm1條

作品31 中心線 原色（321） 40cm1條 編織線 橘色（328） 70cm1條

作品32 中心線 原色（361） 40cm1條 編織線 原色（361） 70cm1條

結飾串珠 作品30 透明・7mm1顆 藍色・7mm2顆

串珠 作品30 白色・3mm4顆 作品31 黃綠色・3mm4顆

玻璃串珠 作品31 黃色・7mm2顆 綠色・7mm1顆

木串珠

作品32 褐色・8mm・圓形2顆 米黃色・8mm・四方形1顆 褐色・3mm・圓形

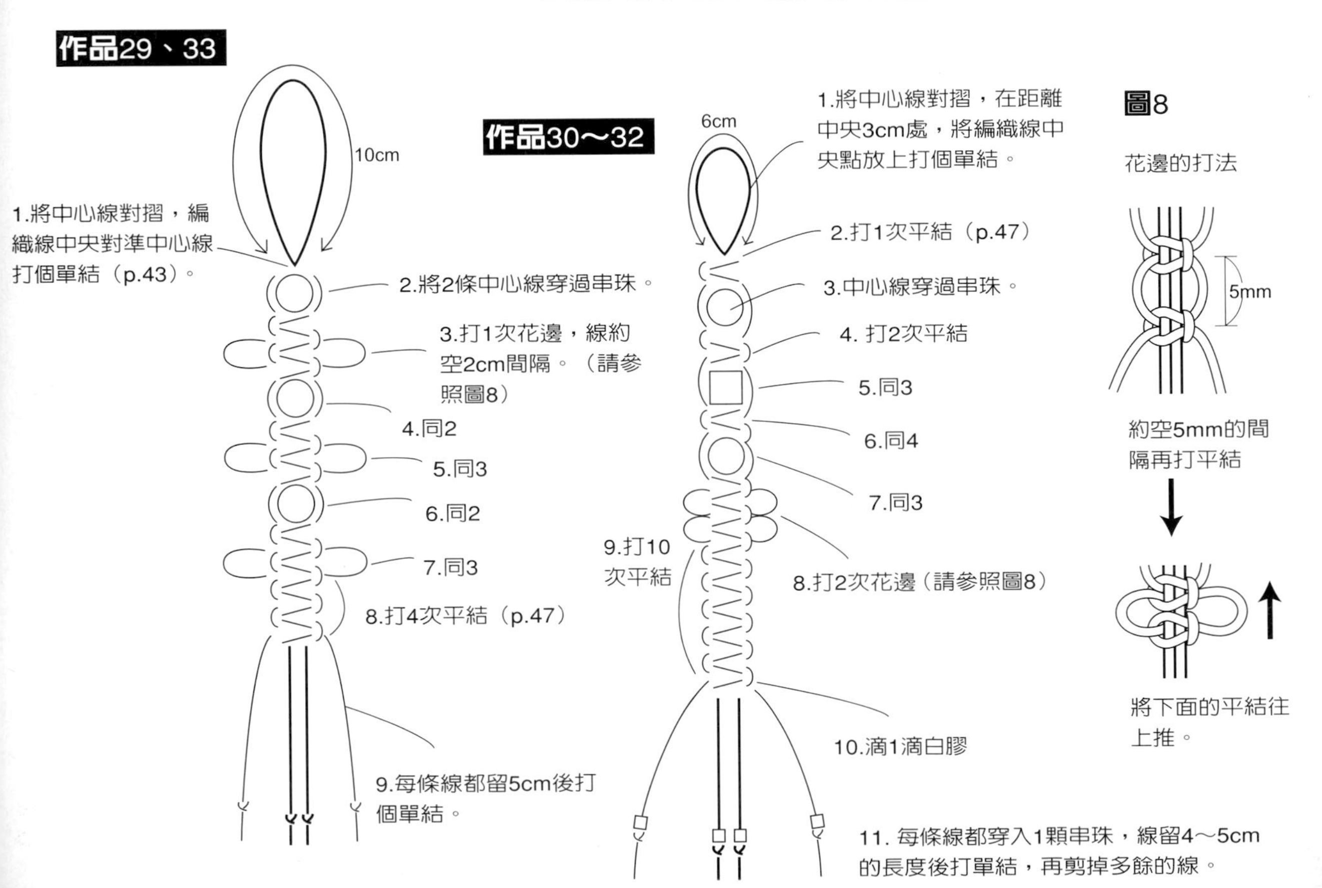

作品29、33
10cm
1.將中心線對摺，編織線中央對準中心線打個單結（p.43）。
2.將2條中心線穿過串珠。
3.打1次花邊，線約空2cm間隔。（請參照圖8）
4.同2
5.同3
6.同2
7.同3
8.打4次平結（p.47）
9.每條線都留5cm後打個單結。
作品30～32
6cm
1.將中心線對摺，在距離中央3cm處，將編織線中央點放上打個單結。
2.打1次平結（p.47）
3.中心線穿過串珠。
4. 打2次平結
5.同3
6.同4
7.同3
8.打2次花邊（請參照圖8）
9.打10次平結
10.滴1滴白膠
11. 每條線都穿入1顆串珠，線留4～5cm的長度後打單結，再剪掉多餘的線。
圖8
花邊的打法
5mm
約空5mm的間隔再打平結
將下面的平結往上推。

P14 No. 34

完成長度約88cm

材料

混合麻線／Takagi纖維

中心線 米黃色（CM-650） 120cm1條

編織線 白色（CM-656） 350cm1條

漸層黃色（CM-659）、漸層桃紅色（CM-657）、

漸層藍色（CM-658）、漸層綠色（CM-660）

各250cm1條 米黃色（CM-650） 15cm1條

陶珠 白色・8mm1顆

P15 No. 37・38

完成長度約24cm

材料

亞麻線／Takagi纖維

作品37 中心線 藏青色（AC-307） 30cm1條 編織線 藏青色（AC-307） 100cm2條

作品38 中心線 米色（AC-301） 300m1條 編織線 米色（AC-301） 100cm2條

水晶切面串珠

作品37 4mm・藍色5顆 作品38 4mm・褐色5顆

金屬配件 作品37・38 橢圓單圈4×3mm2個 圓形鍊頭 5mm、延長鍊各1個

鎖頭 作品37・38 內徑3mm各2個（全為銀色）

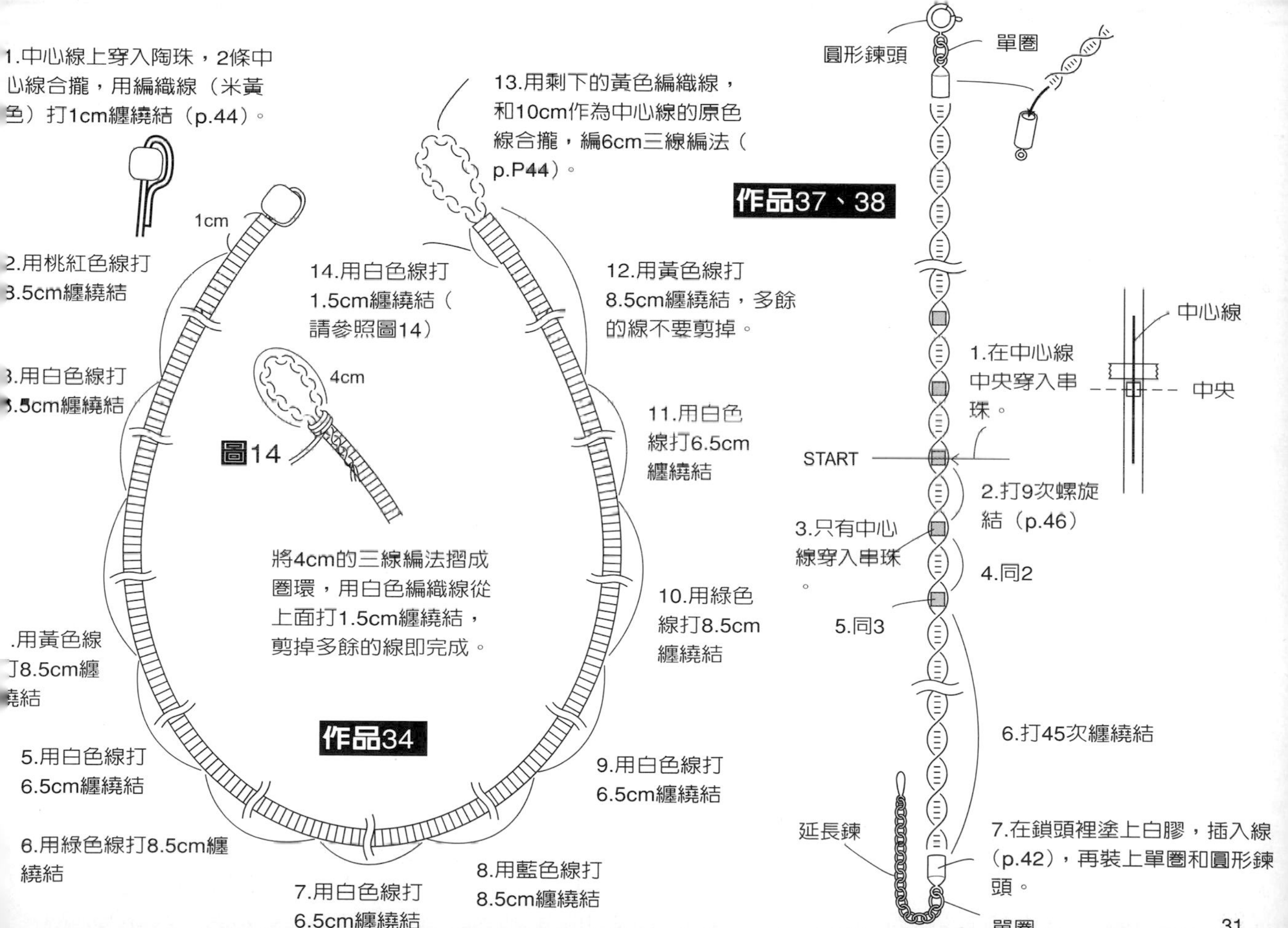

1.中心線上穿入陶珠，2條中心線合攏，用編織線（米黃色）打1cm纏繞結（p.44）。
1cm
2.用桃紅色線打8.5cm纏繞結
3.用白色線打6.5cm纏繞結
4.用黃色線打8.5cm纏繞結
5.用白色線打6.5cm纏繞結
6.用綠色線打8.5cm纏繞結
7.用白色線打6.5cm纏繞結
8.用藍色線打8.5cm纏繞結
9.用白色線打6.5cm纏繞結
10.用綠色線打8.5cm纏繞結
11.用白色線打6.5cm纏繞結
12.用黃色線打8.5cm纏繞結，多餘的線不要剪掉。
13.用剩下的黃色編織線，和10cm作為中心線的原色線合攏，編6cm三線編法（p.P44）。
14.用白色線打1.5cm纏繞結（請參照圖14）
4cm
圖14
將4cm的三線編法摺成圈環，用白色編織線從上面打1.5cm纏繞結，剪掉多餘的線即完成。
作品34
作品37、38
圓形鍊頭
單圈
中心線
1.在中心線中央穿入串珠。
中央
START
2.打9次螺旋結（p.46）
3.只有中心線穿入串珠。
4.同2
5.同3
6.打45次纏繞結
延長鍊
7.在鎖頭裡塗上白膠，插入線（p.42），再裝上單圈和圓形鍊頭。
單圈

P14 No. 35・36

完成長度約26cm

材料

混合麻線／Takagi纖維

作品35 中心線 白色（CM-656） 50cm1條 編織線 白色（CM-656） 150cm、70cm各1條 漸層桃紅色（CM-657）、漸層藍色（CM-658） 各70cm1條

作品36 中心線 白色（CM-656） 50cm1條 編織線 白色（CM-656） 150cm、70cm各1條 漸層黃色（CM-659）、漸層綠色（CM-660） 各70cm1條

陶珠

作品35 紫色・10mm1顆 作品36 綠色・10mm1顆

作品35、36

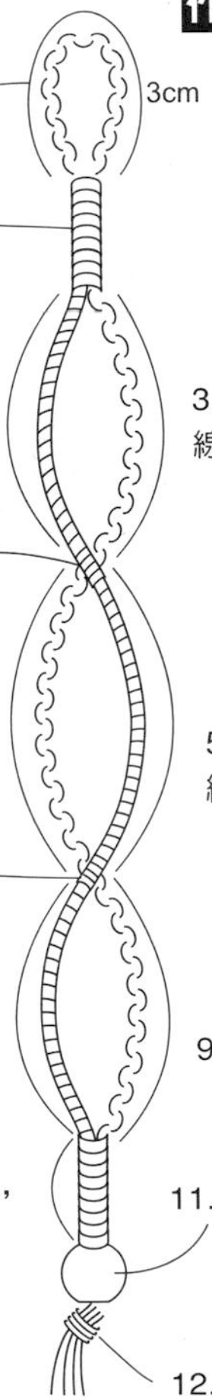

1.除了白色中心線外，用編織線和中心線，編3cm三線編法（p.44）。（請參照圖1）

3cm

全部的線合攏，打纏繞結（p.44）。（請參照圖1）

2.用150cm的白色編織線，打5.5cm纏繞結

3.編5cm三線編法

4.用三線編法的3條線，在中心線上打2次結。（請參照圖4）

5.打6cm纏繞結

6.編6cm三線編法

7.同4

8.打5.5cm纏繞結

9.打5cm三線編法

10.全部的線合攏，打2cm纏繞結

11.穿入陶珠。

12.單結

圖1

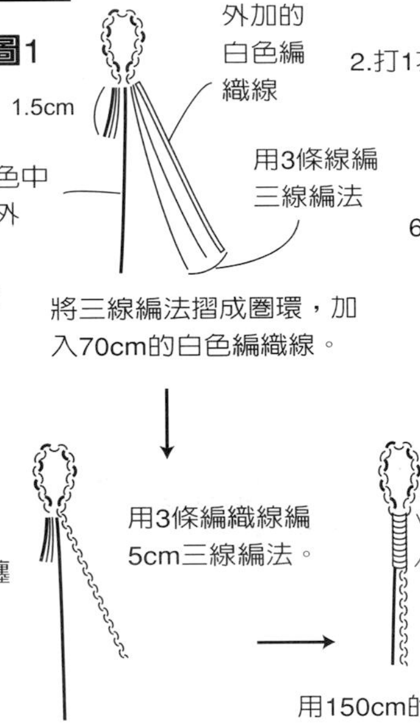

1.5cm

外加的白色編織線

一條白色中心線除外

用3條線編三線編法

將三線編法摺成圈環，加入70cm的白色編織線。

用3條編織線編5cm三線編法。

2cm

用150cm的白色編織線打纏繞結。

圖4

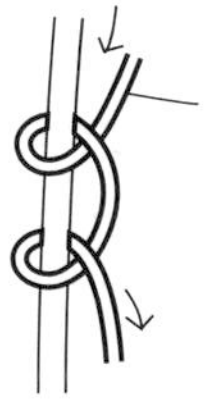

中心線

用3條打纏繞結

P15 No. 39

完成長度約24cm

材料

麻繩線團（細）／Marchen Art

中心線 橘色（328） 70cm1條

編織線 原色（321） 160cm1條

玻璃串珠 黃・4mm48顆

木串珠 米黃色・8mm1顆

作品39

1.中心線對摺，用編織線的中央在上面打個結。

3cm

2.打1次平結（p.47）

3.右邊的編織線穿入2顆串珠。

4.打1次半平結

5.左邊的編織線穿入2顆串珠。

6.打1次半平結

7.重複步驟3～6

8.穿入木串珠。

9.打單結，剪掉多餘的線。

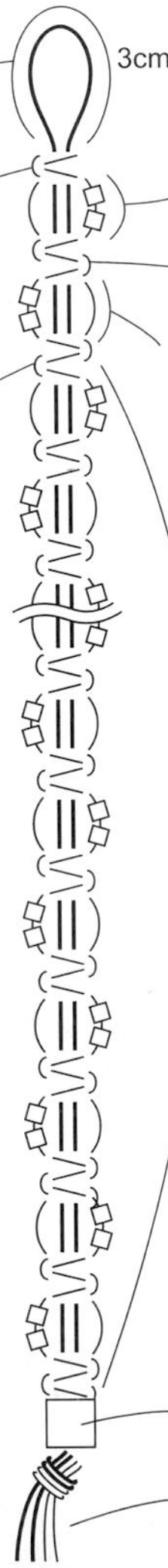

亞洲風

Asian

作為服飾特色的亞洲風格飾品！

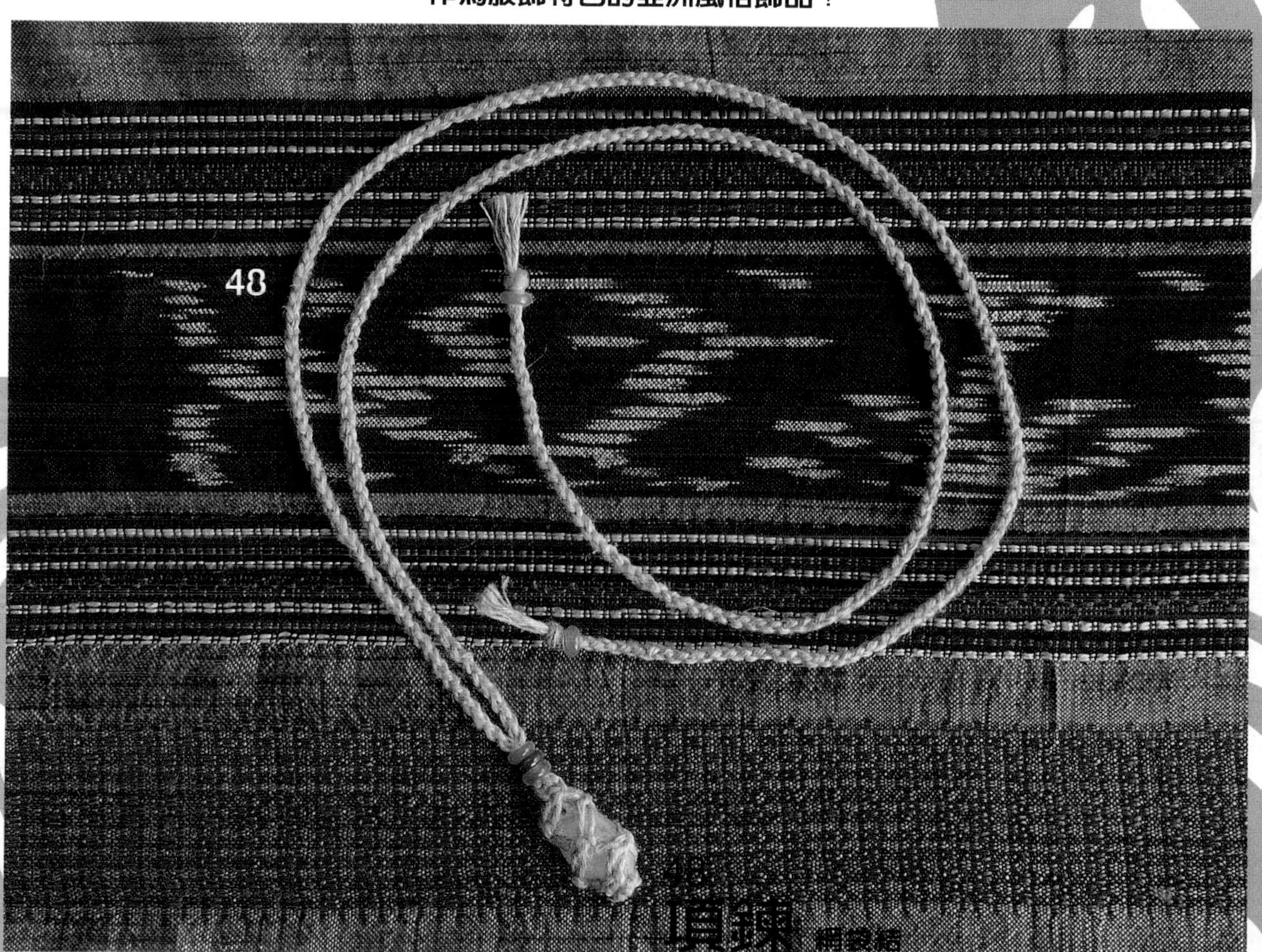
48

48

項鍊 網袋結

好似石頭般的水滴形玻璃墜飾，是這條項鍊的一大特色，非常適合用來搭配簡單的T恤。

handmade by Sinnsuke 作法請見P34

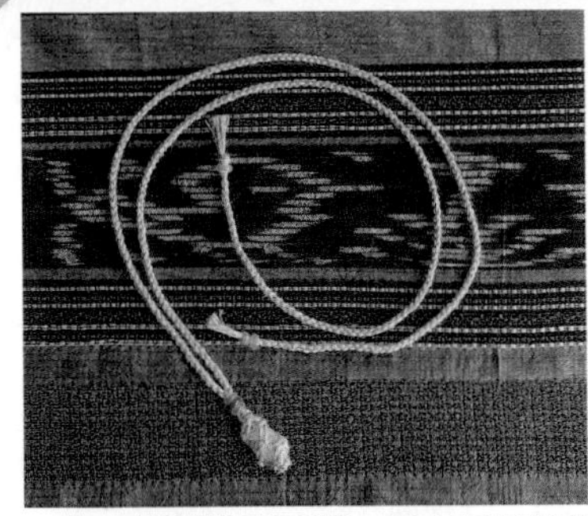

48 項鍊 網袋結

＊材料＊

麻繩線團（細）

150cm×4條／Marchen Art

玻璃墜飾 水滴形22×11mm1個

陶珠 菱形6mm藍色1顆、水藍色4顆

※為方便讓讀者了解，圖中每條線都改用不同顏色。

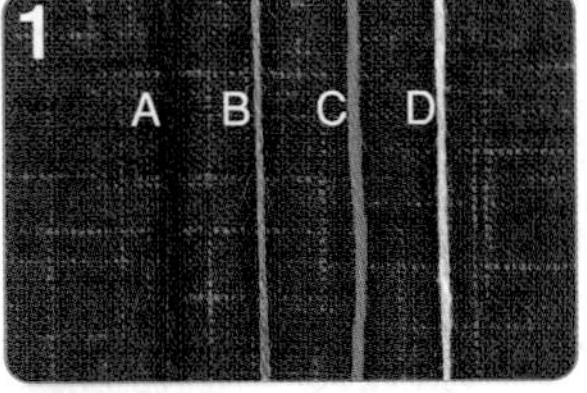
1
A B C D

準備4條150cm長的麻線。

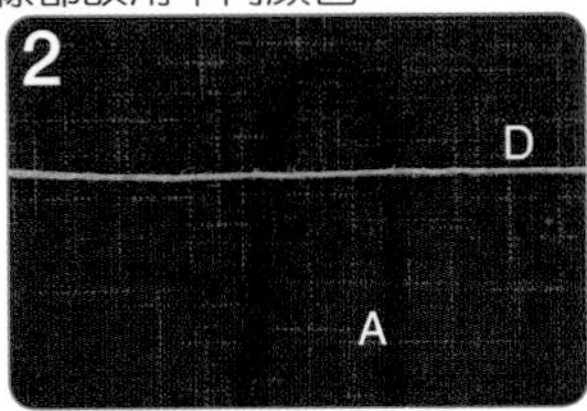
2
D
A

將A從中央對摺，上面放上D。

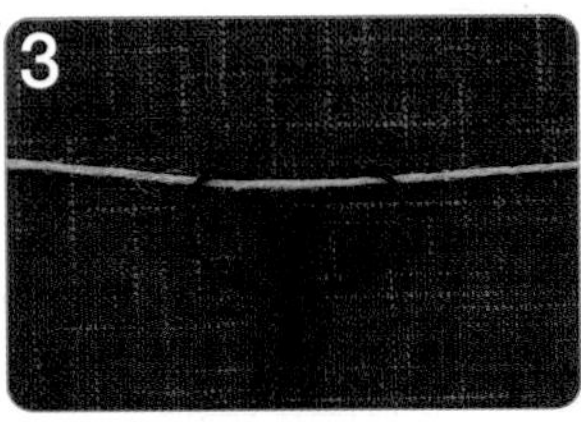
3

將A的中央往前摺下，將下方2條線從圈環中穿出。

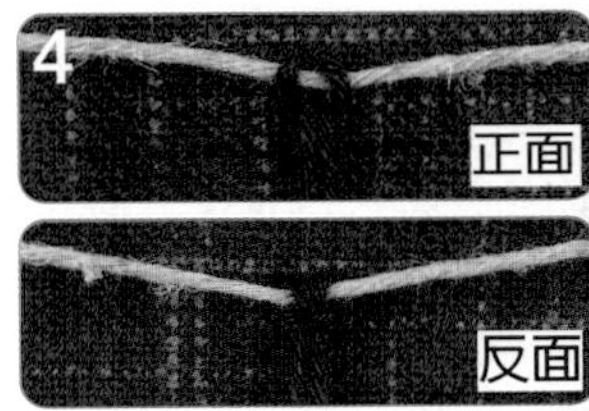
4
正面
反面

將A線往下拉，綁在D上。

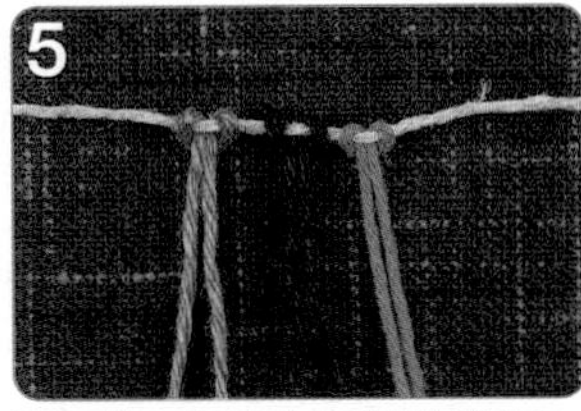
5

剩下的2條線也同樣地綁在D上，然後翻成反面。

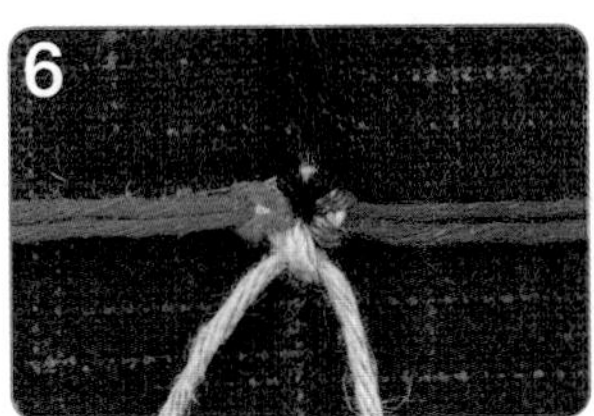
6

將D打2次單結，形成一個圈環。

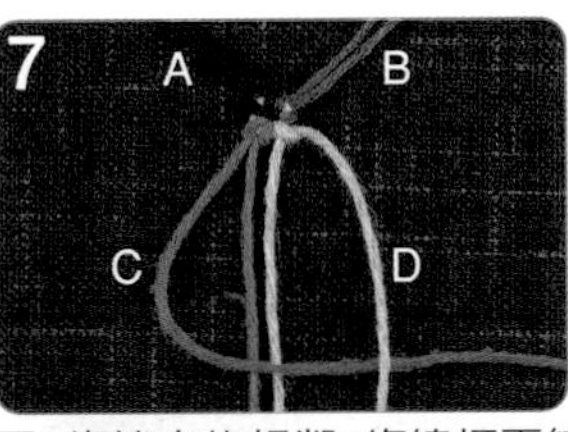
7
A B
C D

用8條線中的相鄰4條線打平結。將A和B、C和D為一組，以中央的2條線作為中心線，兩邊的2條線作為編織線，將C越過中心線上方，從D下方穿出。

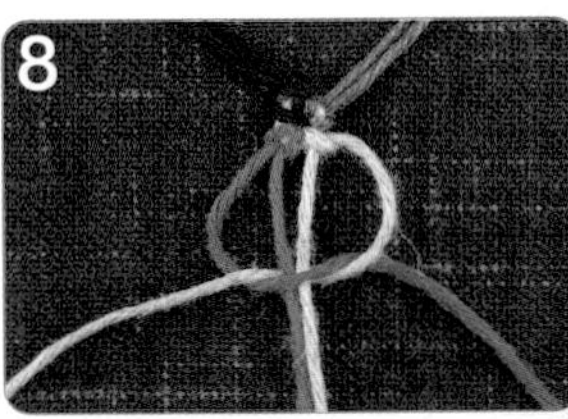
8

將D穿過中心線下方，由下往上從左邊的圈環穿出，平均拉緊編織線C和D。

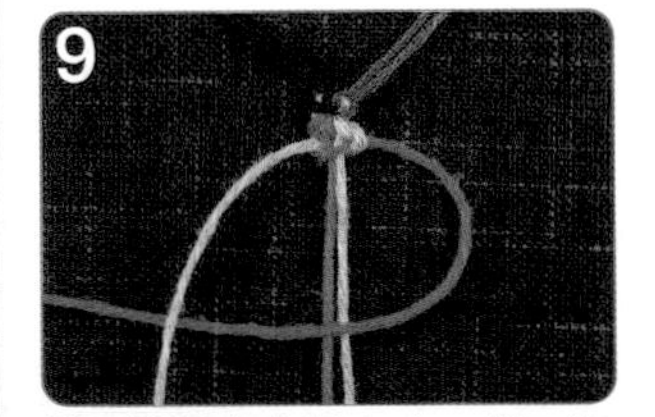
9

將C越過中心線上方，從D的下方穿出。

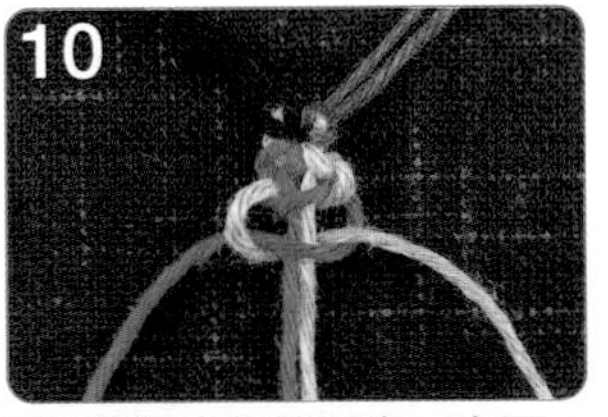
10

將D穿過中心線下方，由下往上從右邊的圈環穿出。

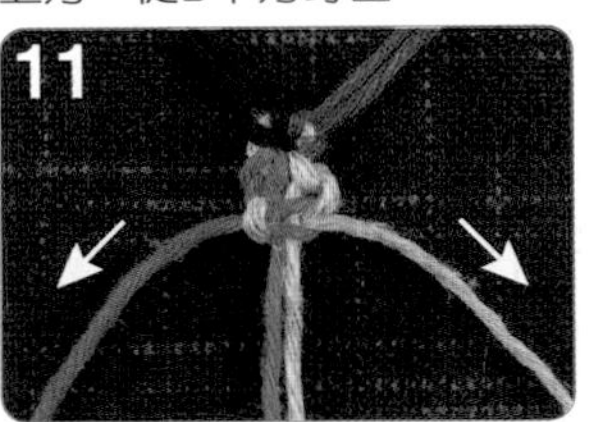
11

平均拉緊C和D。

12

對面側的4條線，也同樣依照步驟7～11打結。

13
妾下來是將A和C、B和D為一組，同樣依步驟7～11打結。

14
在裡面放入玻璃墜飾，塑出袋形。

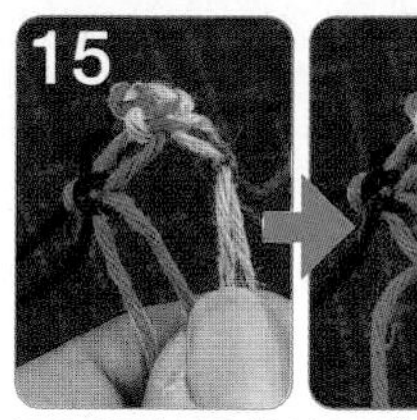
15
不要弄壞網袋的形狀，以第1次的4條線打平結。讓結眼間保持等距。

16
同樣地在對面側也打平結。

17
放入玻璃墜飾。

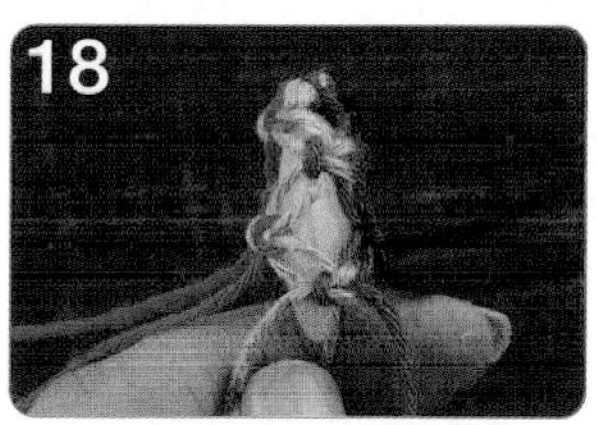
18
一面配合玻璃墜飾的形狀，一面用B和D打平結。

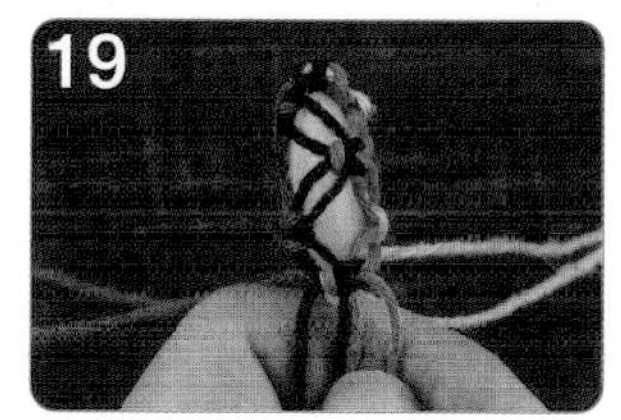
19
同樣也用A和C打平結。

20
用C和D打平結。

21
用A和B打平結。

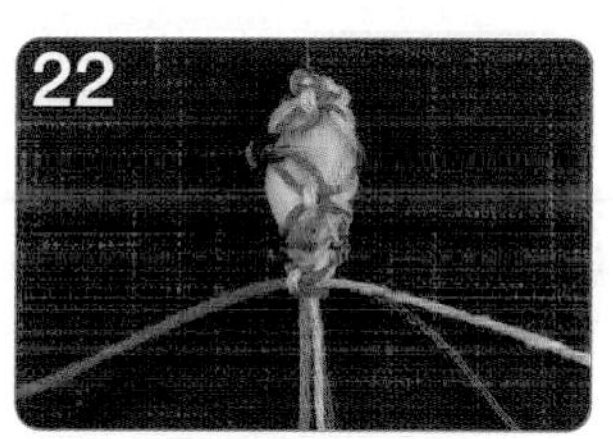
22
將中心線和編織線分開。

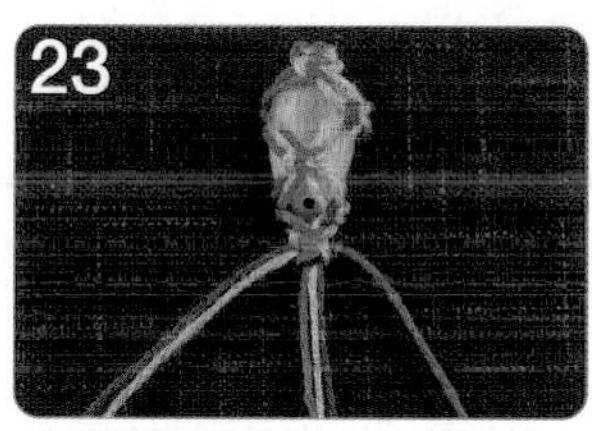
23
將編織線分為A、C，和B、D兩組，打平結。

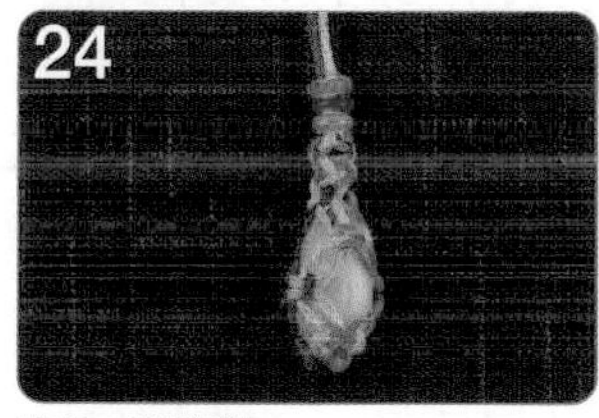
24
穿入3顆陶珠。

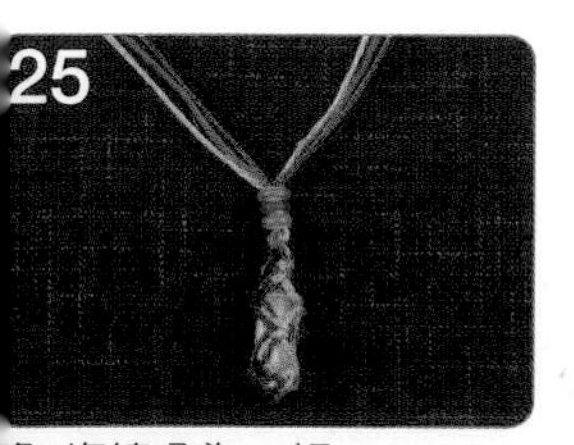
25
將4條線分為一組。

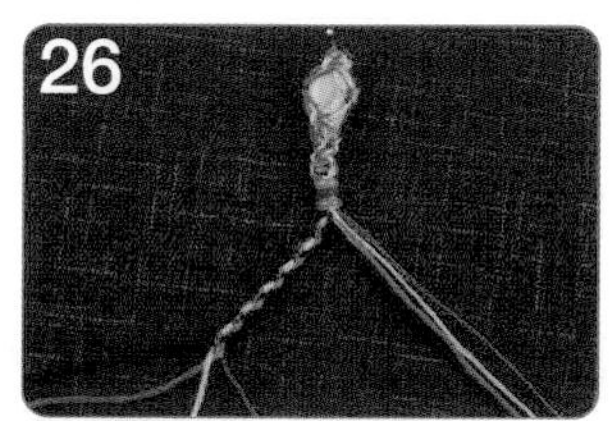
26
編四線編法。

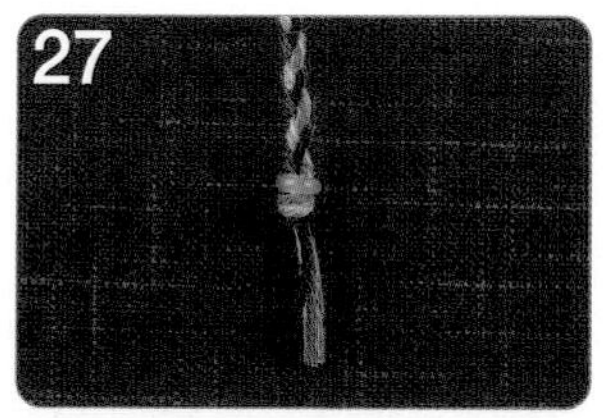
27
編40cm後穿入陶珠，再打單結。

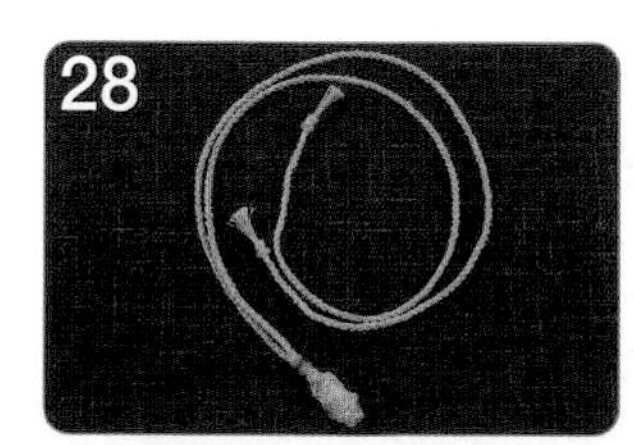
28
另一邊的線也同樣編織，作品即完成。

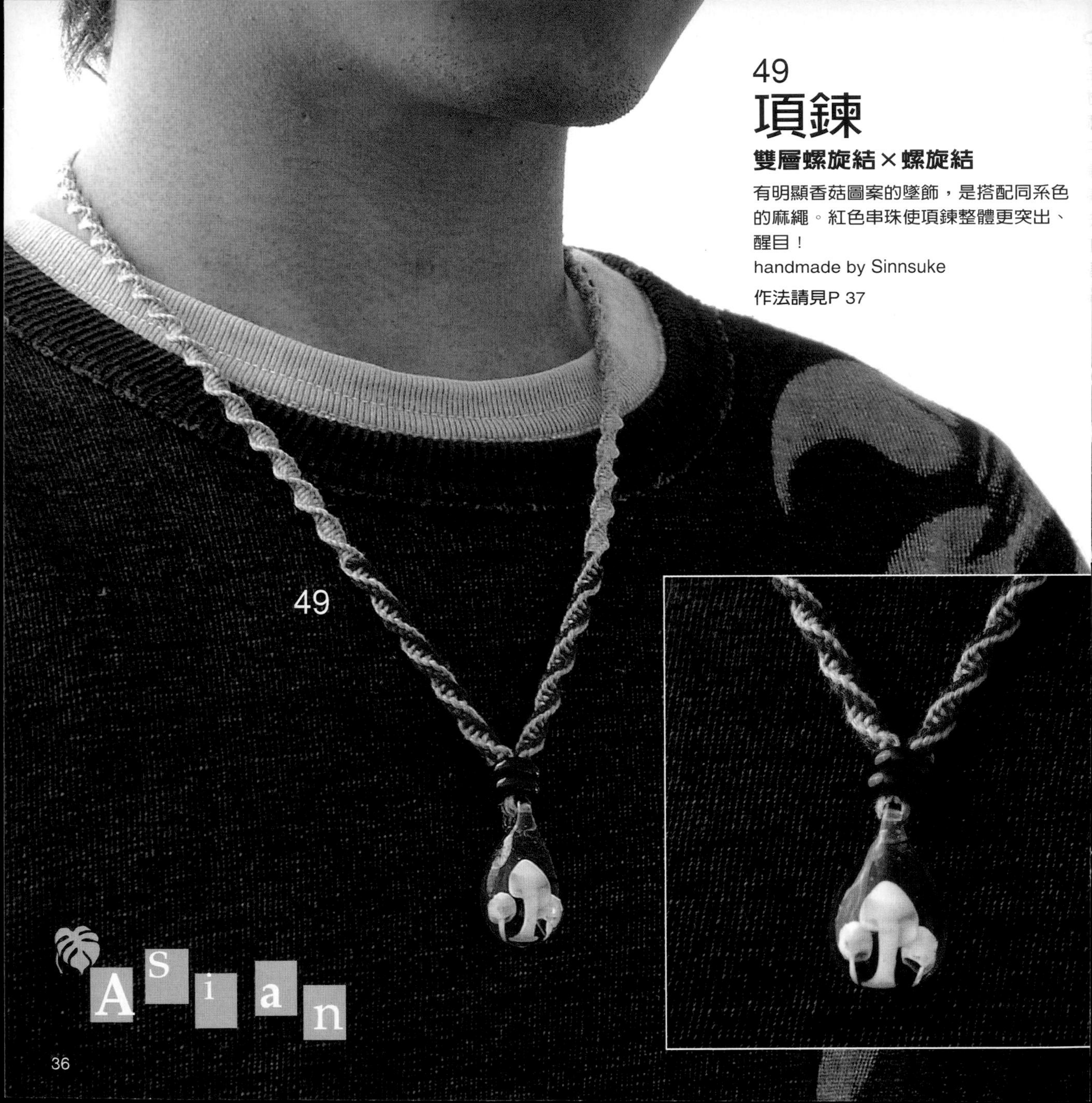
49
Asian

49

項鍊

雙層螺旋結×螺旋結

有明顯香菇圖案的墜飾，是搭配同系色的麻繩。紅色串珠使項鍊整體更突出、醒目！

handmade by Sinnsuke

作法請見P 37

P 36 No. 49

成長度約65cm

料

繩線團（細）／Marchen Art

心線 原色（361） 100cm2條

織線A 原色（361） 350cm2條

織線B 深褐色（324） 80cm2條

璃環形珠／Marchen Art

色（666）・直徑約12mm×孔徑約6mm2個

菇墜飾／Marchen Art

色（三支香菇・AC701）・33×21mm1個

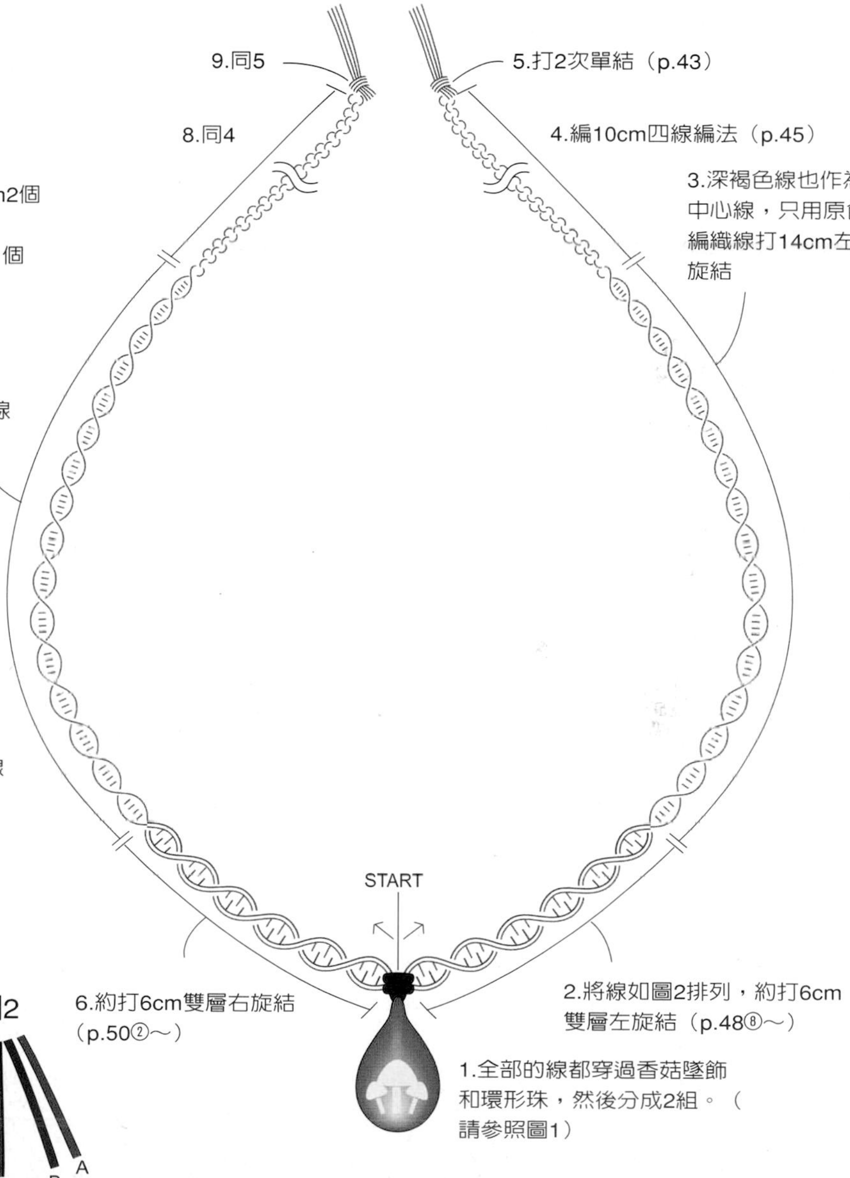

9.同5
5.打2次單結（p.43）
8.同4
4.編10cm四線編法（p.45）
3.深褐色線也作為
中心線，只用原色
編織線打14cm左
旋結
7.和3相同，深褐色線也作
為中心線，只用原色編織線
打14cm右旋結
START
6.約打6cm雙層右旋結
（p.50②～）
2.將線如圖2排列，約打6cm
雙層左旋結（p.48⑧～）
1.全部的線都穿過香菇墜飾
和環形珠，然後分成2組。（
請參照圖1）

圖1

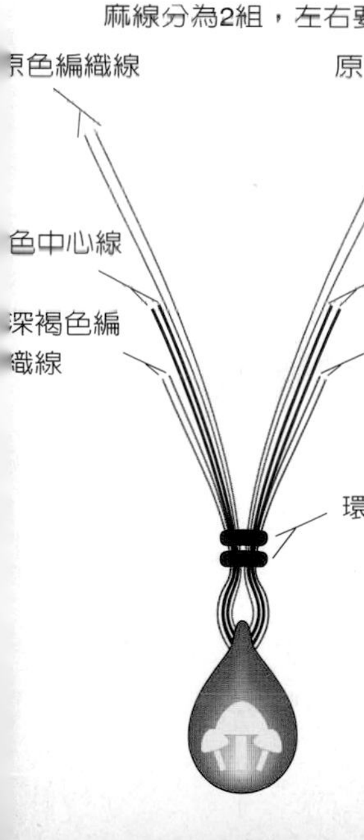

麻線分為2組，左右要等長。
原色編織線
原色編織線
色中心線
原色中心線
深褐色編
織線
深褐色編
織線
環形珠

圖2

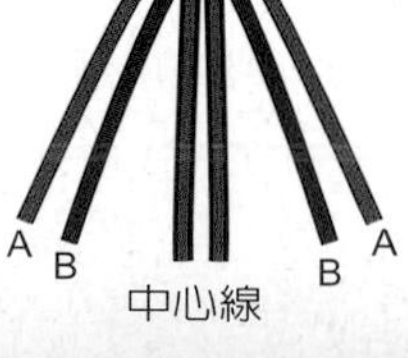

A
B
中心線
B
A

52
50
51
Asian

51.52 手環＋腳環

平結×左右結

這是4條一組的華麗款手和腳環，裝飾上串珠後顯得更為豪華！

handmade by yuming

作法請見P 39

50 手環 平結

這是裝飾木串珠，造型純樸、可愛的手環，由於是自然的風格，所以很好搭配服飾

handmade by yuming 作法請見P28

P38 No. 51

成長度約22cm
料
麻線／Takagi纖維
色（AO-306） 100cm5條
串珠
色・8mm・圓形1顆

P38 No. 52

完成長度約22cm
材料
亞麻線／Takagi纖維
褐色（AC-306） 120cm2條
米色（AC-301） 120cm3條

木串珠
米黃色・8mm・四方形1個
貓眼串珠
桃紅色・4mm・環形8顆
桃紅色・3mm・環形10顆

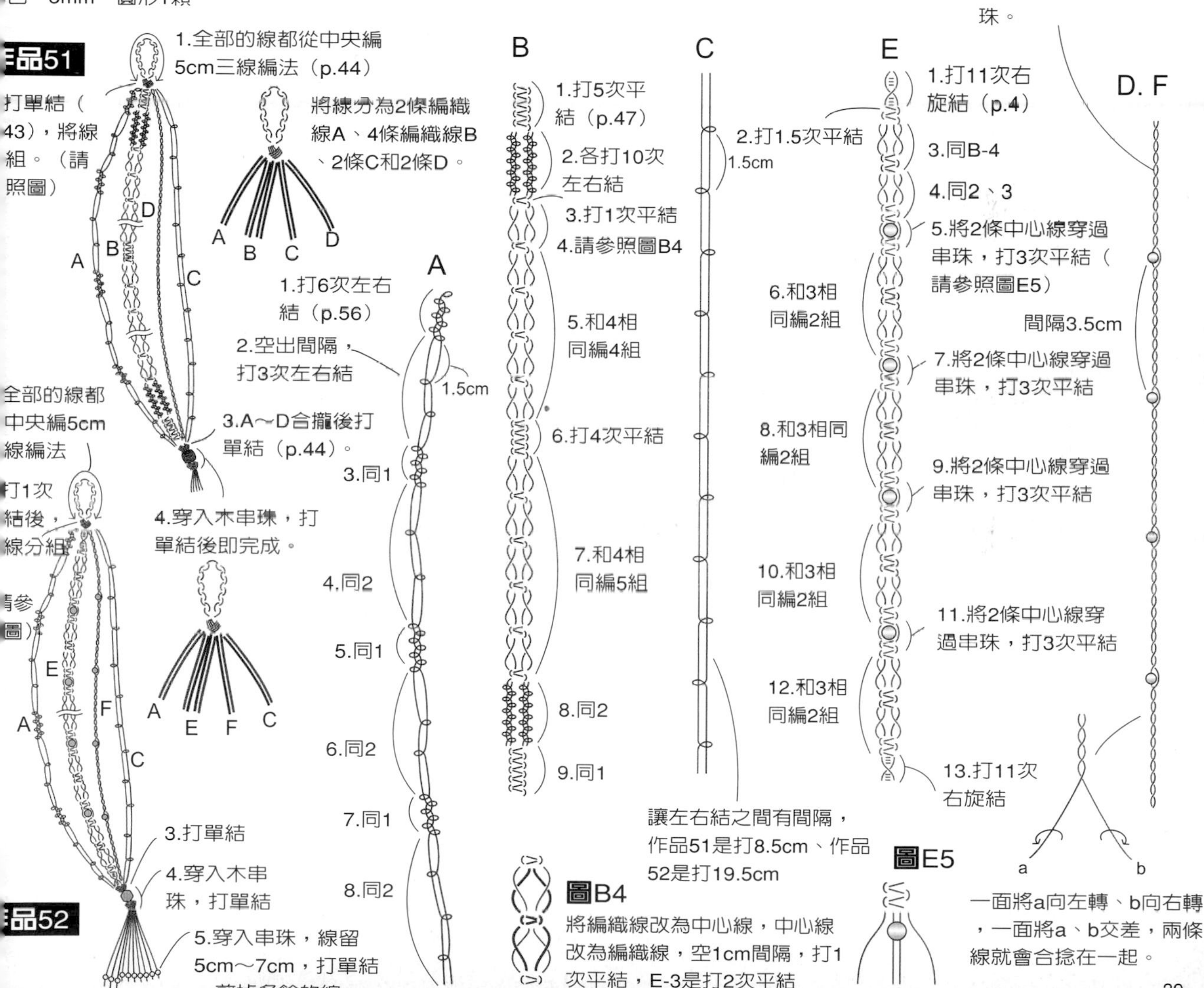

將整條D與F捻合，F一面與D捻合，一面每隔3.5cm串入1顆串珠。
品51
1.全部的線都從中央編5cm三線編法（p.44）
打單結（43），將線組。（請照圖）
將線分為2條編織線A、4條編織線B、2條C和2條D。
A B C D
3.A～D合攏後打單結（p.44）。
4.穿入木串珠，打單結後即完成。
A
1.打6次左右結（p.56）
2.空出間隔，打3次左右結
1.5cm
3.同1
4.同2
5.同1
6.同2
7.同1
8.同2
B
1.打5次平結（p.47）
2.各打10次左右結
3.打1次平結
4.請參照圖B4
5.和4相同編4組
6.打4次平結
7.和4相同編5組
8.同2
9.同1
C
2.打1.5次平結
1.5cm
讓左右結之間有間隔，作品51是打8.5cm、作品52是打19.5cm
E
1.打11次右旋結（p.4）
3.同B-4
4.同2、3
5.將2條中心線穿過串珠，打3次平結（請參照圖E5）
6.和3相同編2組
7.將2條中心線穿過串珠，打3次平結
8.和3相同編2組
9.將2條中心線穿過串珠，打3次平結
10.和3相同編2組
11.將2條中心線穿過串珠，打3次平結
12.和3相同編2組
13.打11次右旋結
D. F
間隔3.5cm
全部的線都中央編5cm線編法
打1次結後，線分組
請參圖）
A E F C
3.打單結
4.穿入木串珠，打單結
5.穿入串珠，線留5cm～7cm，打單結，剪掉多餘的線。
品52
圖B4
將編織線改為中心線，中心線改為編織線，空1cm間隔，打1次平結，E-3是打2次平結
圖E5
a b
一面將a向左轉、b向右轉，一面將a、b交差，兩條線就會合捻在一起。

一起來創作麻繩飾品吧！

＊材料和工具＊

主要材料

麻繩……是以純大麻捻製成的繩線，分為極細、細、中、粗等各種粗細。依製造廠商不同，所製作出的繩線質感和粗細也不同，可視個人喜好選擇適合的種類使用。

結飾串珠……這種結飾用串珠的孔較大，能穿入多條繩線。

木串珠　扁木珠……這兩種串珠可作為飾品的固定用擋珠，方便好用。

陶珠……這是陶質串珠，這類手工用陶珠，穿線孔大小不一，要選擇線孔大一點的才方便製作。

主要工具

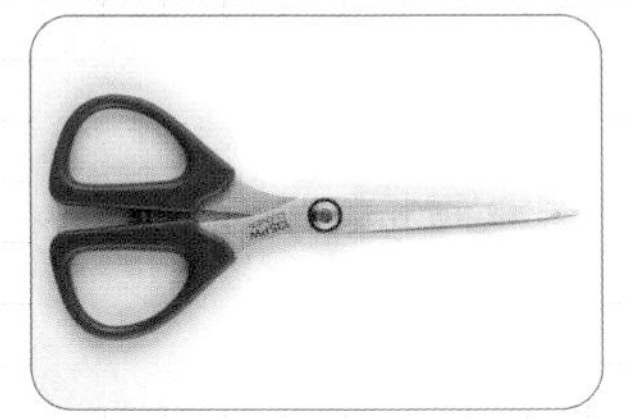

剪刀……選擇銳利的手工藝用剪刀，會更順手好用。

Clover
クロバー
ボンド
手芸用

手藝用白膠……為避免繩結鬆脫，最後可用白膠黏合固定打結處。

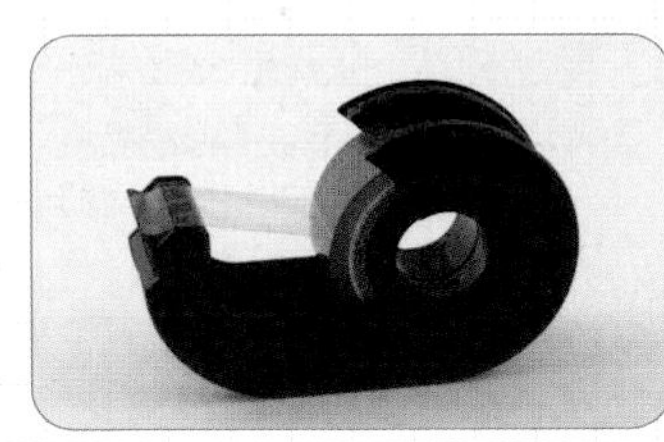

膠帶……編製飾品時，膠帶可用來固定開始編織的繩線，穿入串珠後，也可用來固定線頭。

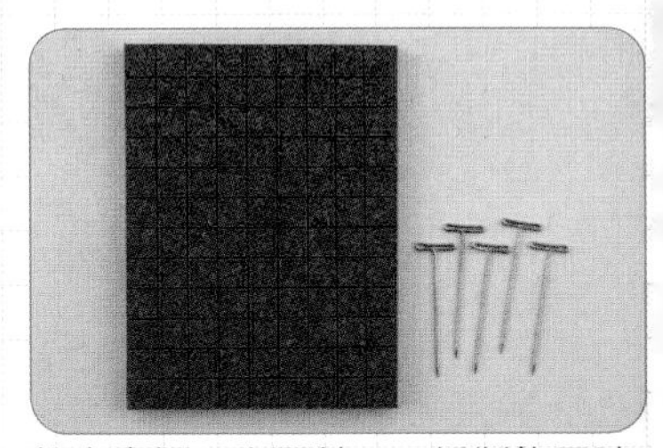

軟木塞板、大頭針……編製飾品時，用它們來固定繩線，非常方便。

完美飾品的編織訣竅

・請準備長一點的線。

編織飾品時如果中途線不夠長，就無法完成編織。雖然每件作品都有標明材料分量，但因每個人編織的方式和尺寸都不同，所需的繩線長度多少也會有差異，所以編織時請務必準備長一點的線。

・用相同的力道編織

將線往左右拉，或編環狀結、四層結時，要保持力道一致，這樣完成的飾品才會均勻漂亮，而且還要注意每次都要將線拉緊。

・編織途中讓結眼緊密靠攏

每打5個結就整理結眼使其緊密靠攏，作品才會美觀。

開始的編織法

請配合想編製的飾品，選擇適合的打結方式。

●從邊端開始編織 A

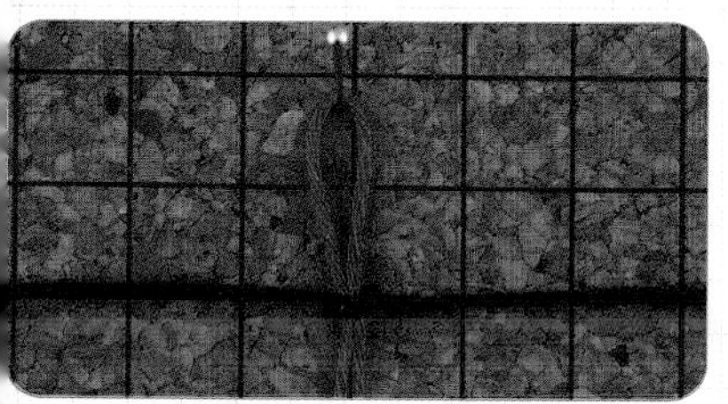

將中心線對摺成圈環，編織線的中央點放在圈環下方，然後綁住中心線打個結。

●從邊端開始編織B

這兩種編法主要是用在有圈環的作品。

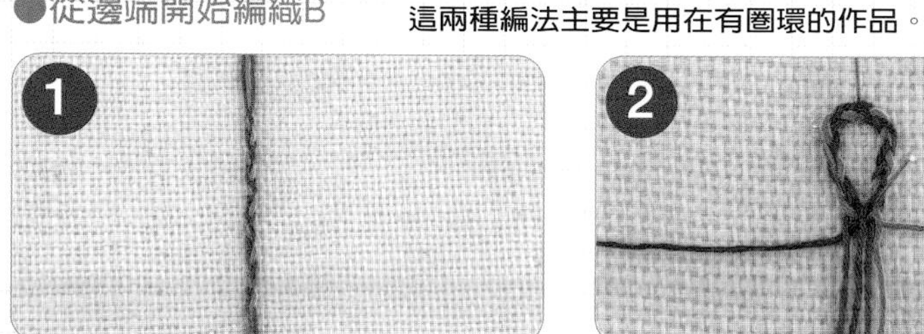

1 中心線和編織線對齊合攏，從中心開始採取三線編法，編製成圈環的部分。

2 將三線編的部分對摺，6條線合攏，編製成主體的部分。

●從中央開始編織

這種編法主要是用在左右對稱的作品。

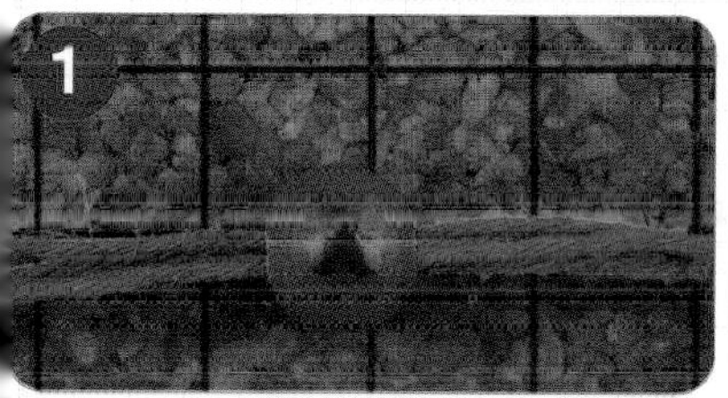

1 將中心線、編織線合攏穿入串珠中，讓線的中央位於孔中。

2 單側打個鬆結暫放，從沒打結的那端開始編織。

如何穿入串珠中

●使用膠帶

讓線的前端稍微參差不齊，用膠帶捲包變細後，一面轉動串珠一面穿入，這樣就很容易穿入。

●夾在兩線之間

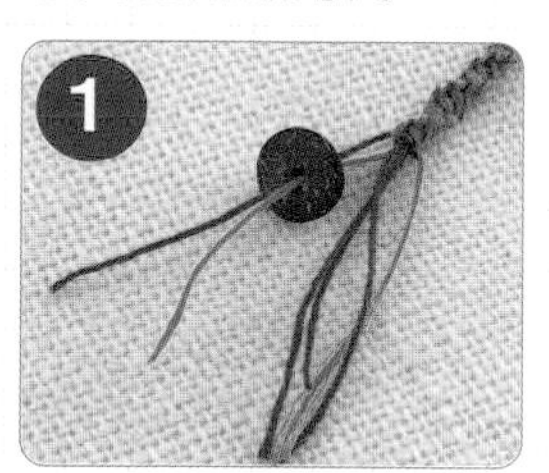

1 將2條線分別穿入串珠中。

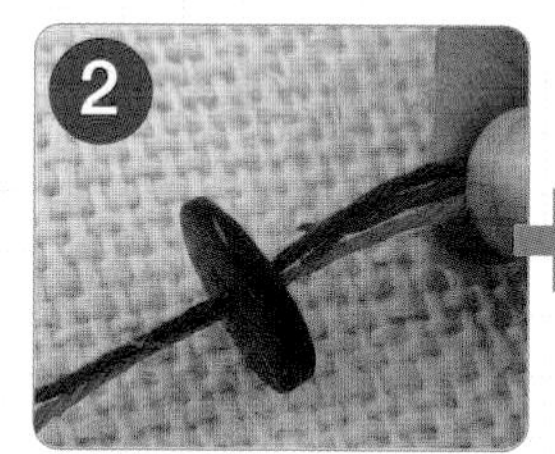

2 接著將要穿入的第3條線，夾在已穿過的2條線之間。

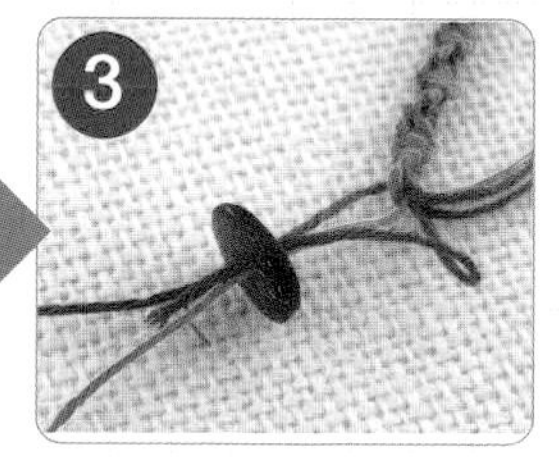

3 向前拉動2條線，第3條線就能一起穿過串珠了。

如何使用金屬配件

以下將介紹本書使用的金屬配件的用法。

＊金屬配件＊

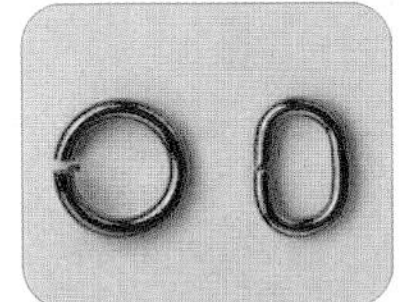

單圈、橢圓單圈
它們可用來接合金屬配件或零件。

鎖頭
是用來固定繩線等線頭的金屬配件。

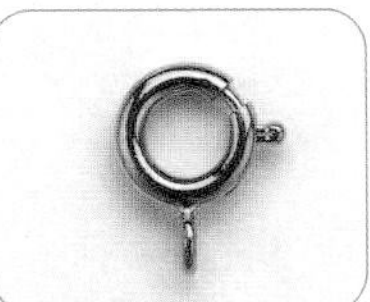

圓形鍊頭
是固定飾品的配件，通常和水滴片和延長鍊等搭配成套使用。

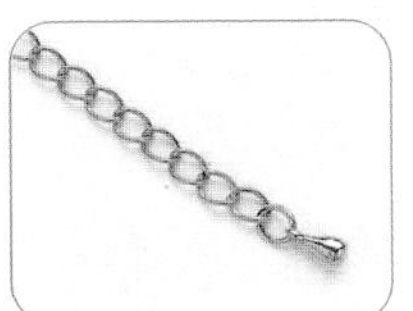

延長鍊
是調整項鍊或手環長度的金屬配件。

＊工具＊

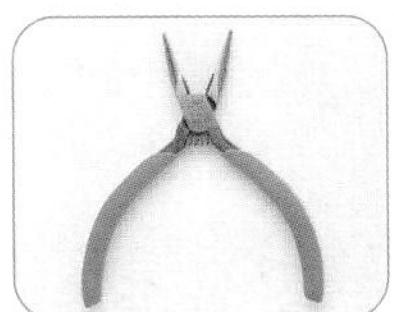

尖嘴鉗
尖嘴鉗可用來摺彎鐵絲尖端，或接合單圈和橢圓單圈，也能用鉗口內側剪斷鐵絲。

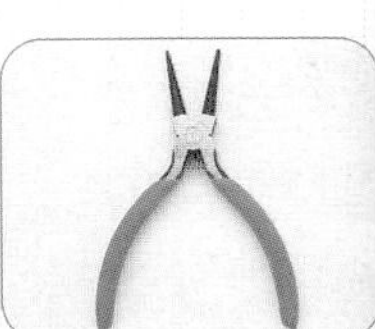

圓嘴鉗
要摺彎鐵絲尖端，及接合單圈和橢圓單圈時也可用圓嘴鉗，它的鉗口尖端是呈圓形。

＊金屬配件的用法＊

單圈、橢圓單圈　它們主要是用來接合配件，例如，接合鍊子和水滴片等。

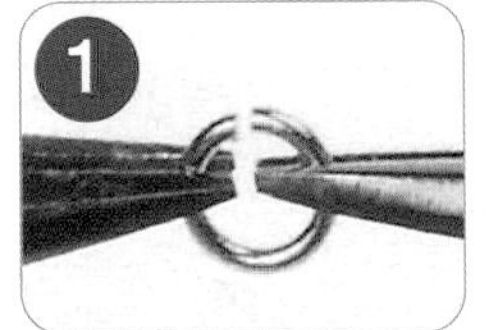

用2把尖嘴鉗（或圓嘴鉗）從左右夾住單圈（或橢圓單圈，以下均同），讓單圈的接口朝上。

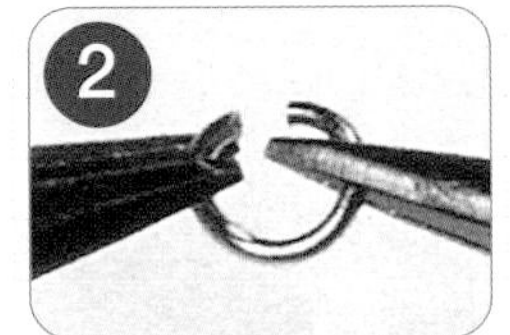

將左邊的鉗子往前扭、右邊的往後扭，使單圈的接口前後錯開。

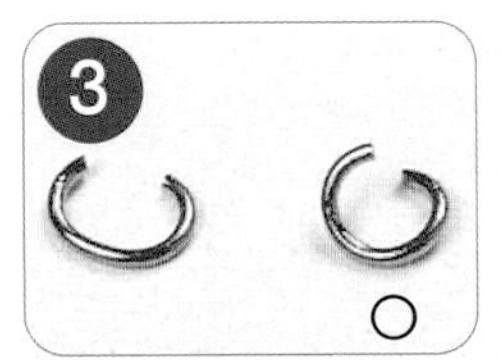
○

圖中右側的才是正確的扭開狀態，不能像左側那樣往左右拉開。

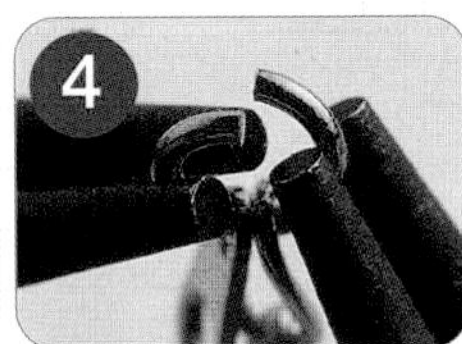

鍊子和水滴片套入接口後，左邊的鉗子往後扭，右邊的往前扭，讓接口閉合起來。

這是閉合狀態，接口間要毫無縫隙地緊密接合在一起。

鎖頭　這是固定繩線等線頭的金屬配件，有各種不同的款式，可依設計和要固定的繩線種類，選擇適合的使用。

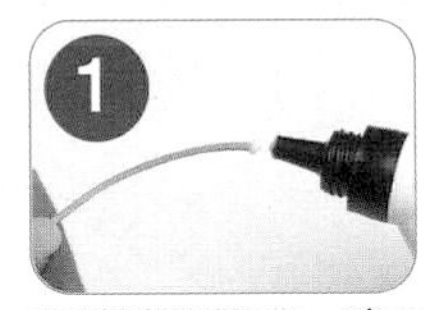

在綻線的線頭，塗上少量的白膠。

在鎖頭上放上線頭，兩側分別用尖嘴鉗夾緊。

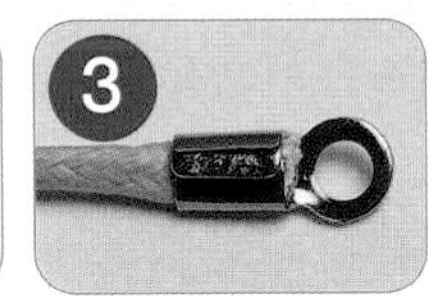

這是鎖頭夾住線頭的狀態。

鎖頭（線圈形）

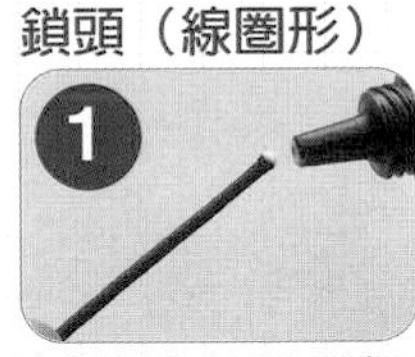

在綻線的線頭，塗上少量的白膠。

在鎖頭（線圈形）中套入線頭，用尖嘴鉗夾緊鎖頭（線圈形）根部約半圈份的線圈。

這是鎖頭夾住線頭的狀態。

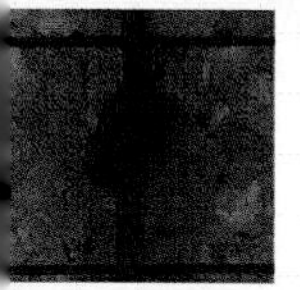

單結

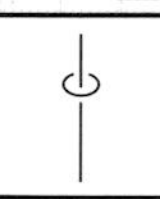

編織結束時 常運用這種編法。

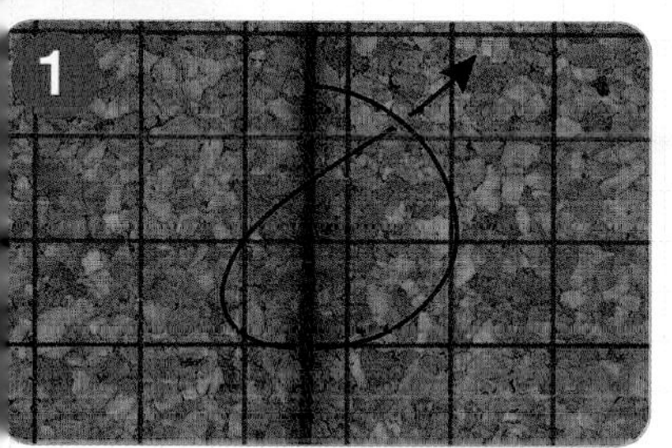
1

將線繞一圈後打結。

2

拉緊線的兩端。

3

完成圖。

雙圈結

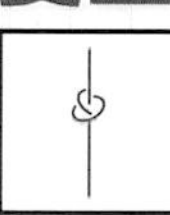

以打單結的要領，纏繞2圈後打結。

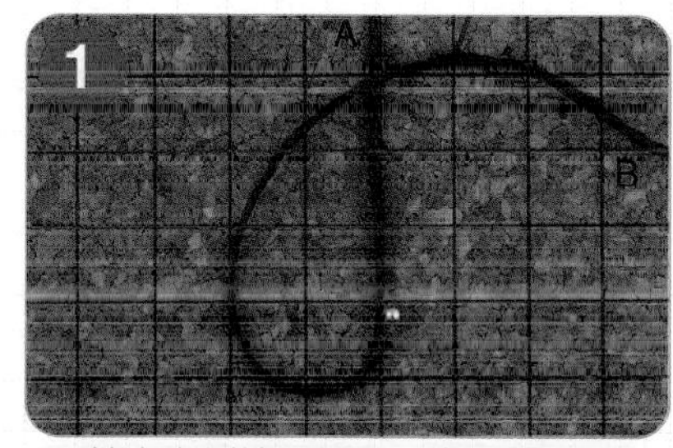
1
A
B

用B端在左側繞個圈環，將線放在A端上面。

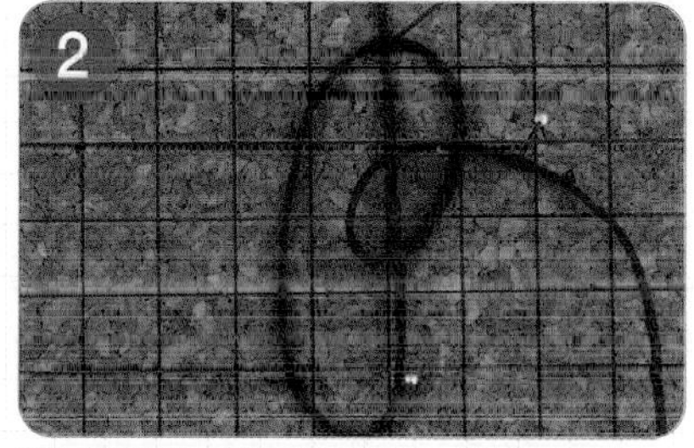
2

將B端繞過A端下方穿出，纏繞1圈。

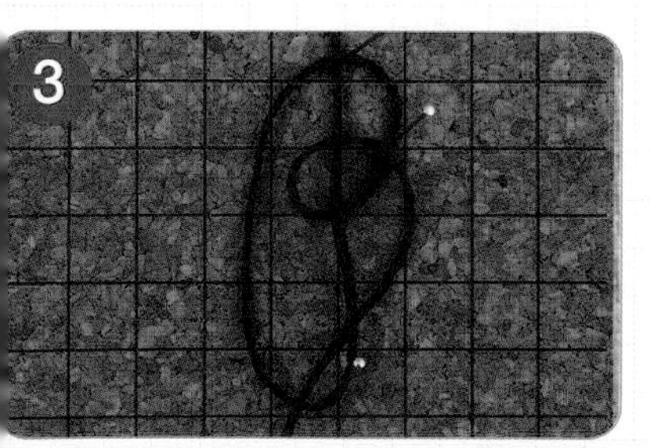
3

將B端再繞過A端下方，從1完成的圈環中穿出，然後拉緊AB兩端。

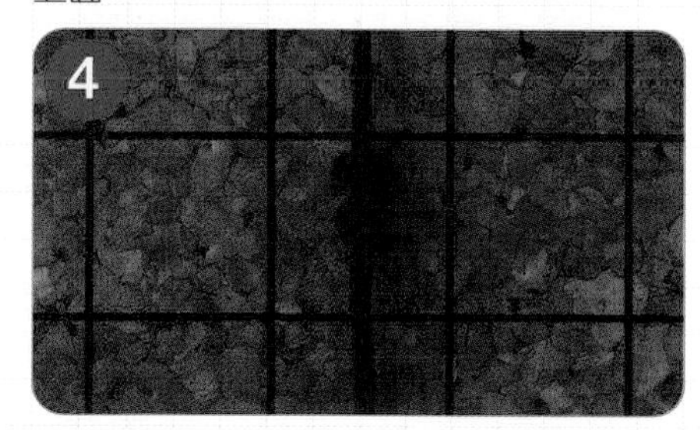
4

完成圖。

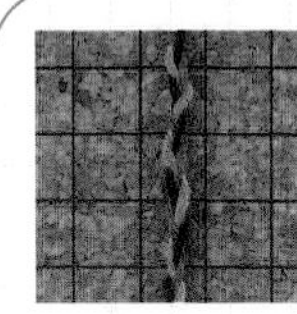

三線編法

這種編法常用來編製項鍊或手環的圈環部分。

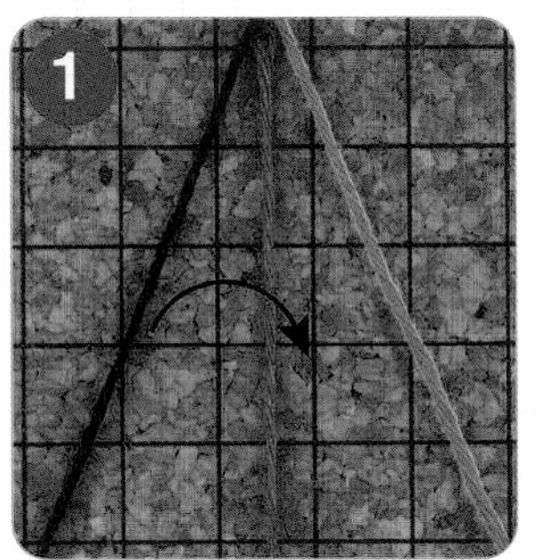

1 準備3條比完成長度約長1.5倍的線。

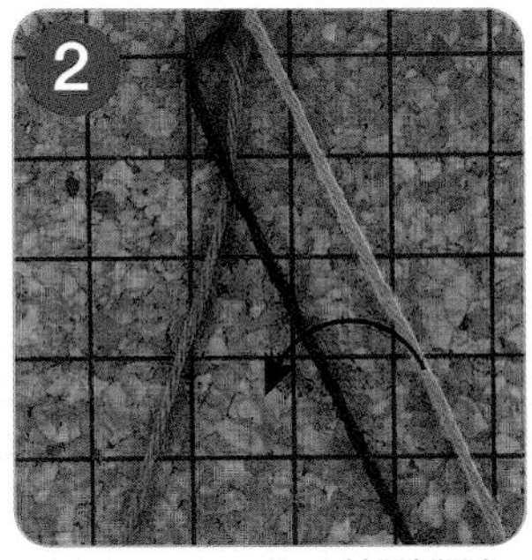

2 先將最左邊的線，拉到右邊2條線之間。

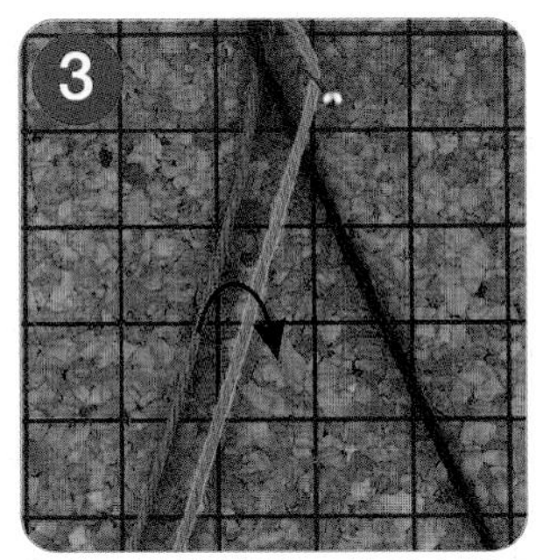

3 再將最右邊的線，拉到左邊2條線之間。

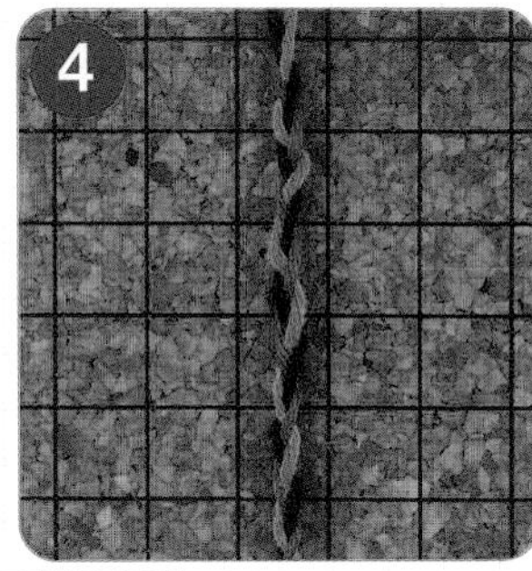

4 重複步驟2～3。

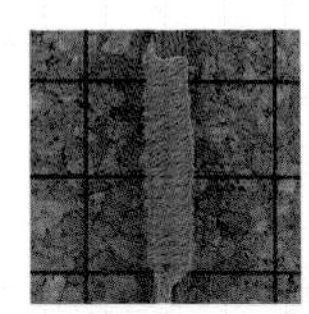

纏繞結

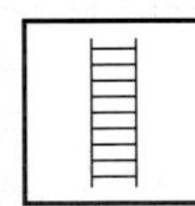

這是用編織線纏繞中心線的編法。

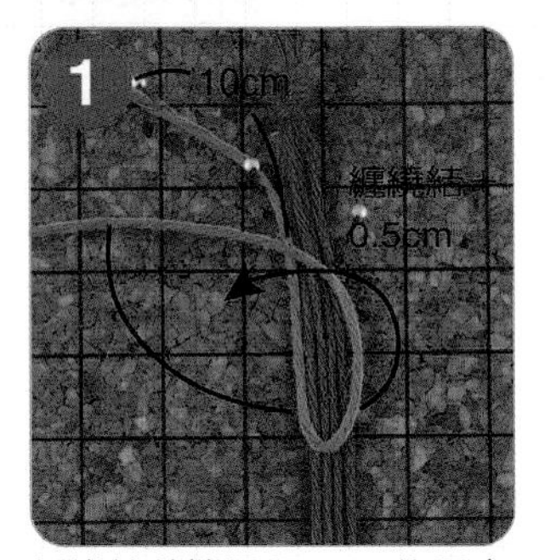
10cm
纏繞結+
0.5cm

1 編織線前端保留10cm的長度，將線繞成一個圈環，長度等於纏繞結＋0.5cm，與中心線重疊後，用編織線開始纏繞。

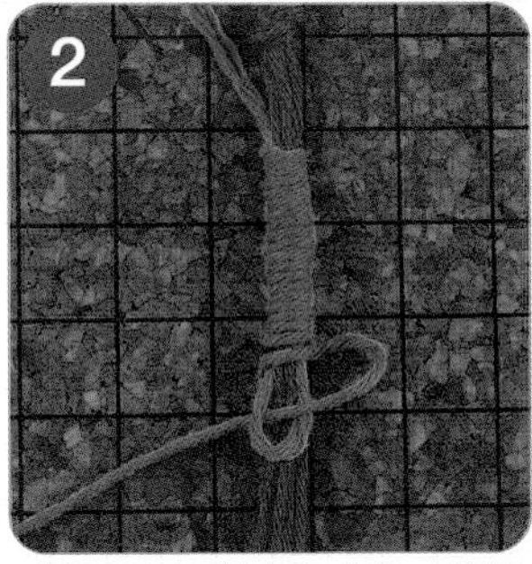

2 所需長度纏繞完成後，將編織線穿過圈環。

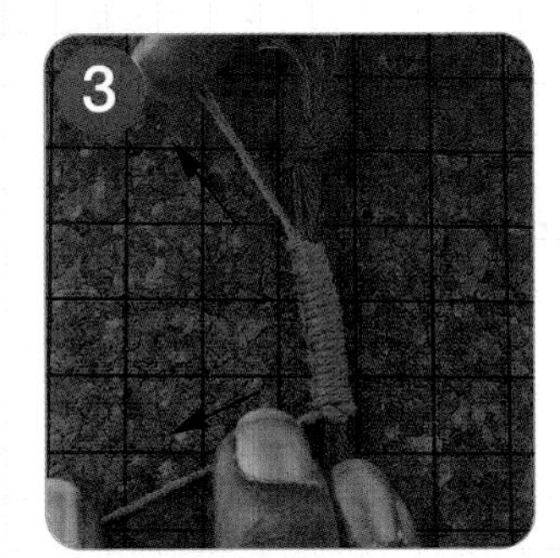

3 將上面保留的編織線往上拉，使下面的圈環縮入纏繞結中，讓結變得緊實牢固。

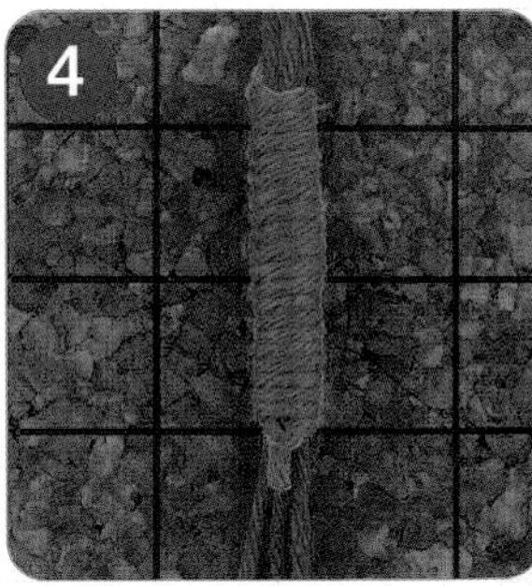

4 最後剪斷多餘的線頭。

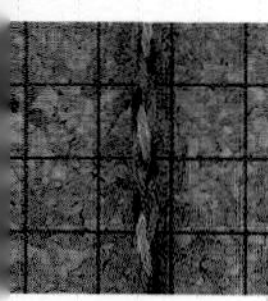

四線編法

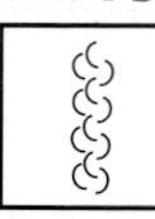

這種編法主要用4條線中的3條來編，而暫放一邊的1條線，就成為下個階段的編織主線，完成後結飾會呈現繩索狀。

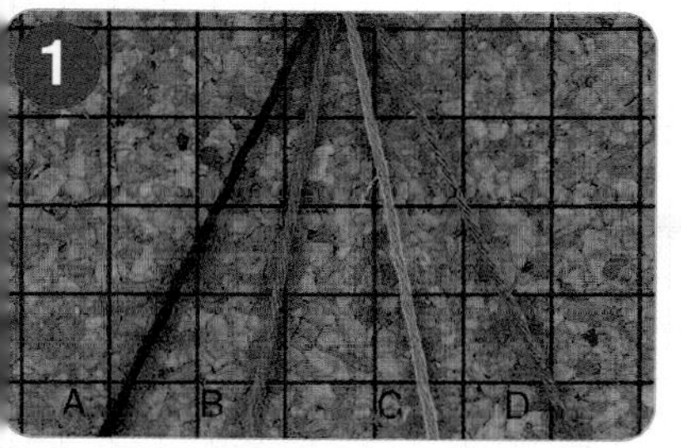
1
A B C D

準備4條比完成長度約長1.2倍的線。

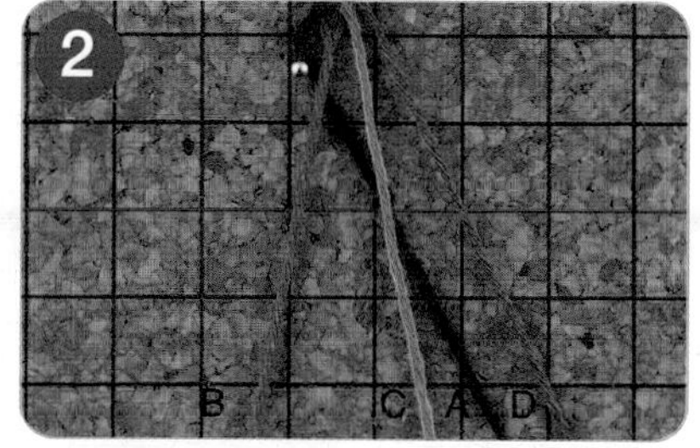
2
B C A D

讓A穿過B、C的下方，從C和D之間拉出。

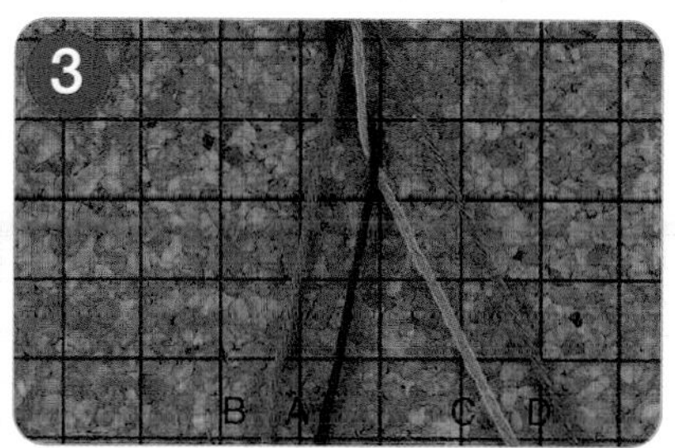
3
B A C D

再將A越過C的上方拉回左側，使A和C呈交叉的狀態。

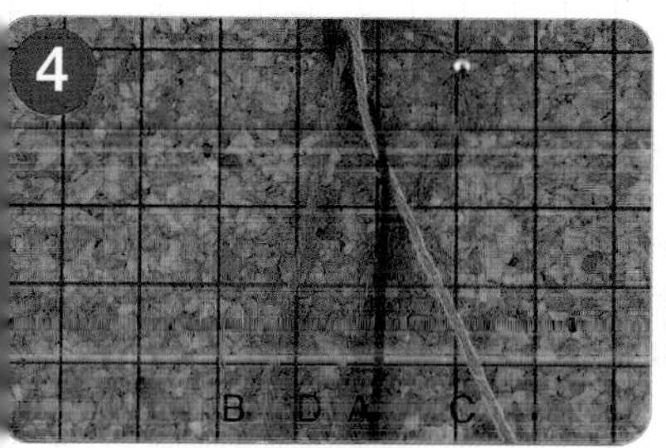
4
B D A C

將暫放右邊的D，穿過C和A的下方，從A和B之間穿出。

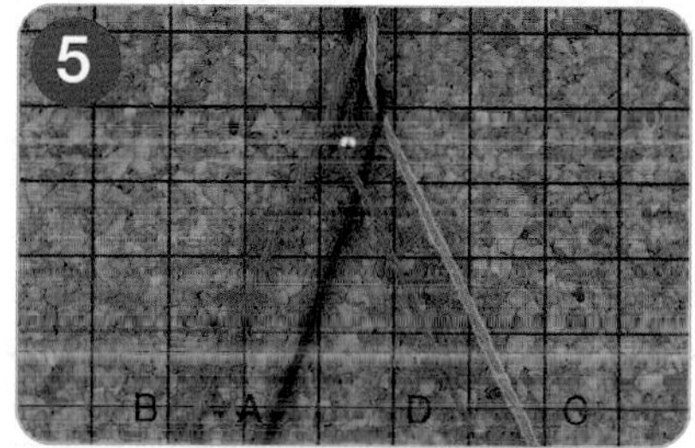
5
B A D C

再將D越過A的上方，拉回右側。

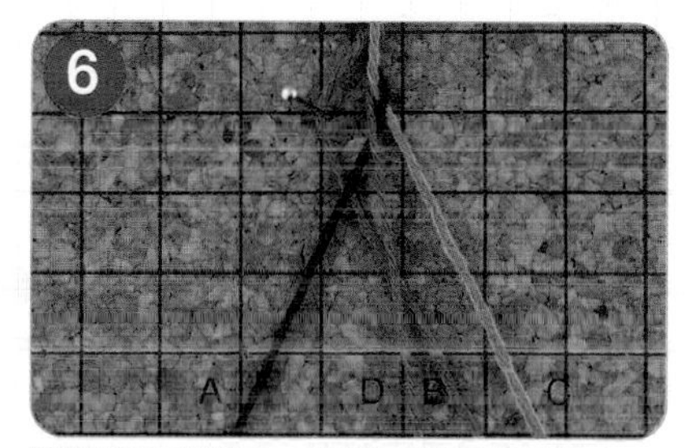
6
A D B C

將暫放左邊的B，穿過A和D的下方，從D和C之間拉出。

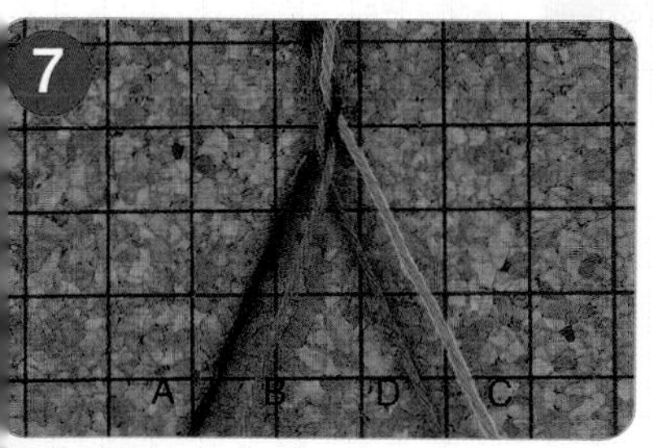
7
A B D C

再將B越過D的上方，拉回左側。

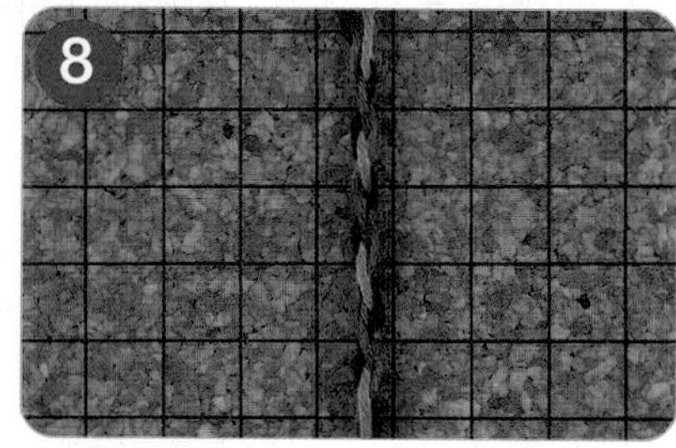
8

重複步驟2～7。

環狀結

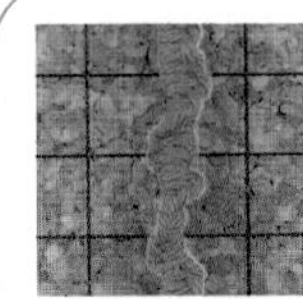

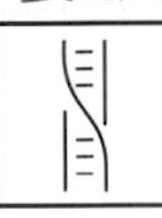

這是用2條線編織成螺旋狀結飾的編法。

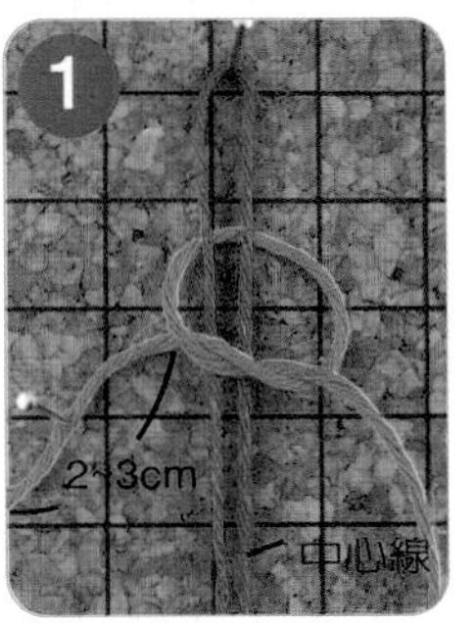
1
2~3cm
中心線

用編織線在中心線上打單結，這時編織線的左端，要保留2～3cm的線頭。

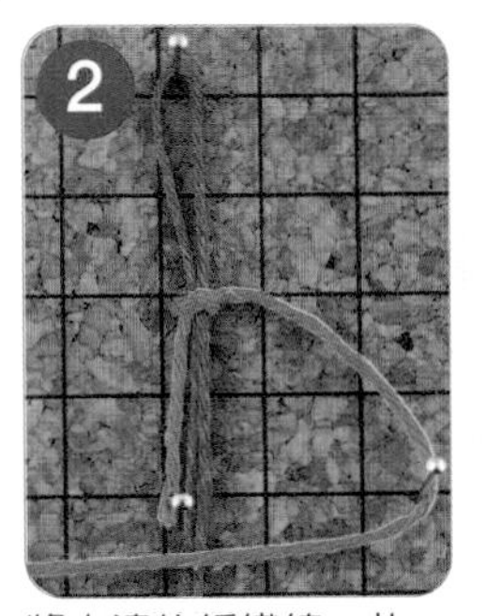
2

將右邊的編織線，放到中心線的上方。

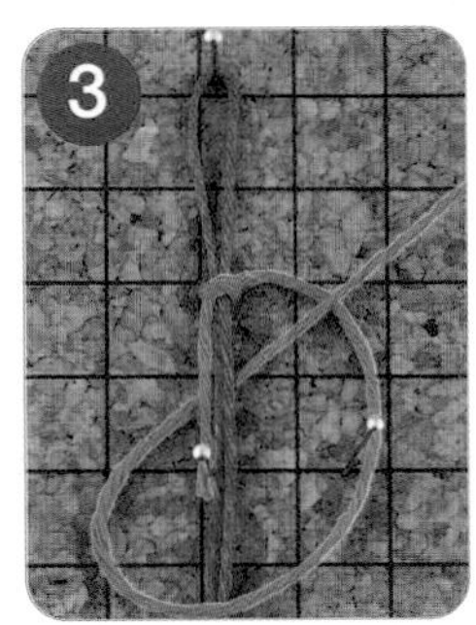
3

再繞過中心線的下方，從右邊編織線的上方穿出。

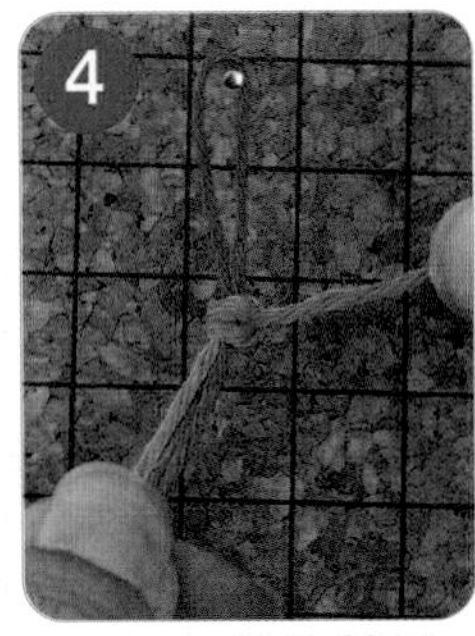
4

用手同時拉緊左端編織線和中心線，及右邊的編織線。

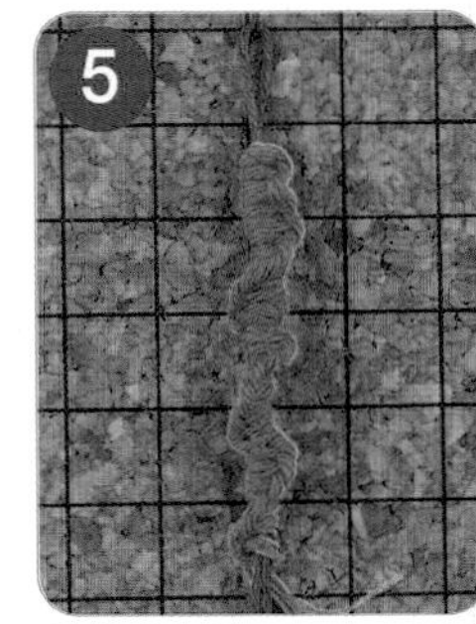
5

重複步驟2～5。

左旋結

這種編法左邊的線都是越過中心線的上方。

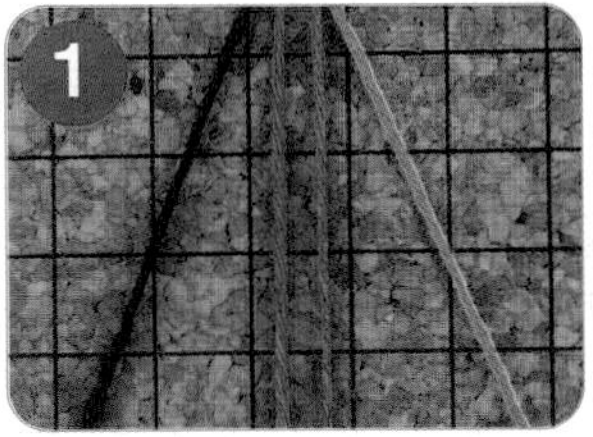
1

將編織線放在中心線的兩側。

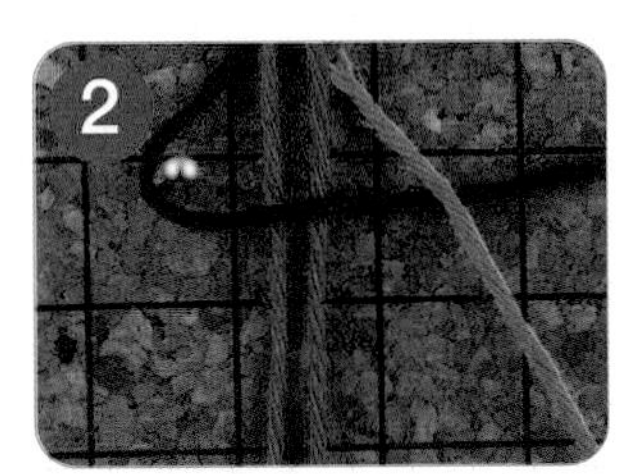
2

將左邊的編織線越過中心線的上方，再從右邊編織線的下方穿出。

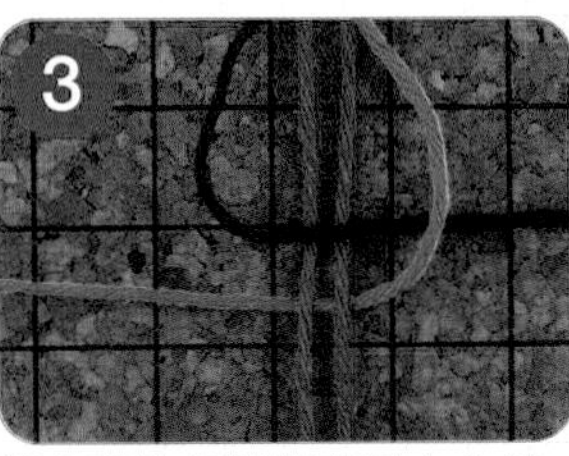
3

將右邊的編織線穿過中心線的下方拉出。

4

右邊的編織線再由下往上，從左邊形成的圈環中穿出。

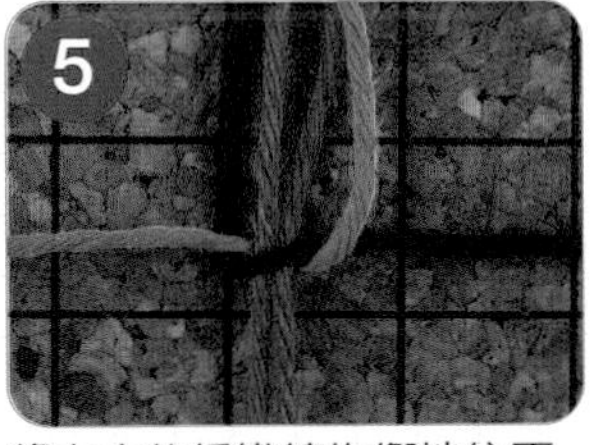
5

將左右的編織線均衡地往兩側拉緊。

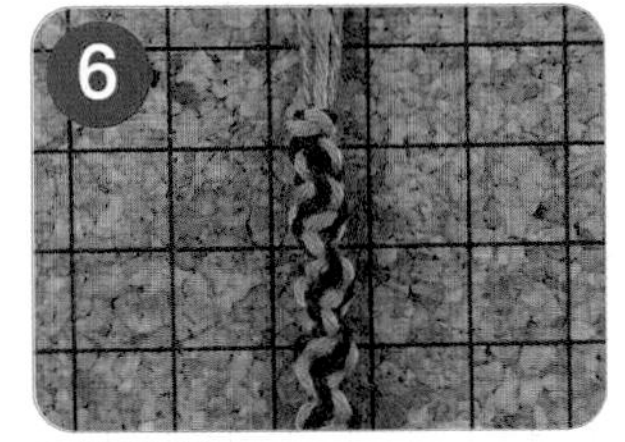
6

重複步驟2～5。

右旋結請參照第4頁的步驟3～11。

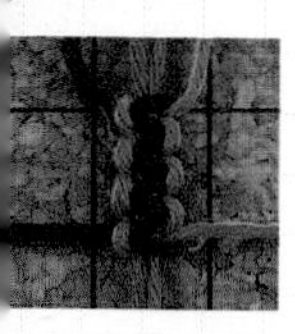

平結

這種編法完成後，結飾呈平坦的帶狀。

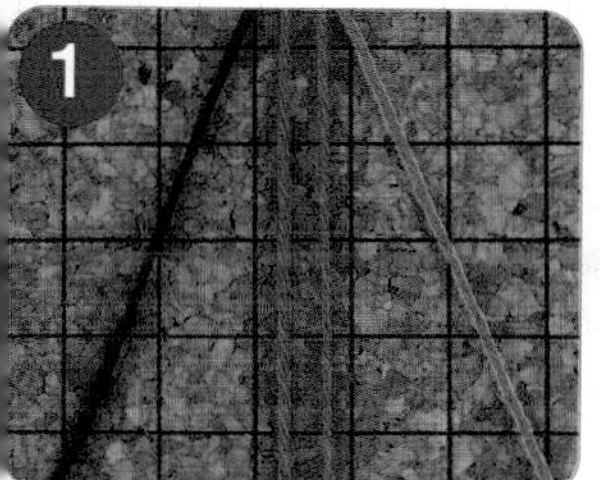

將編織線放在中心線的兩側。

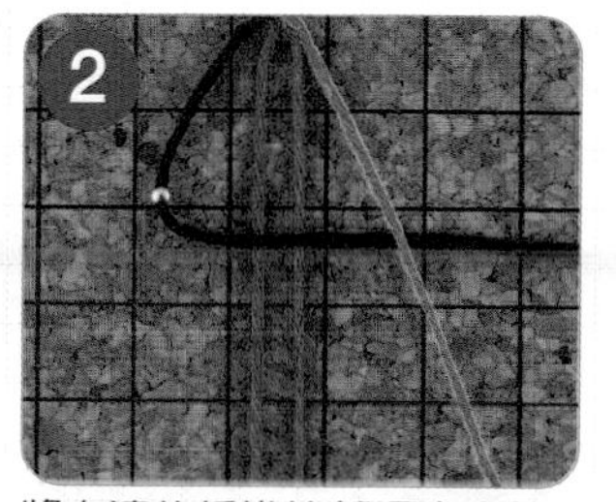

將左邊的編織線越過中心線的上方，再從右邊編織線的下方穿出。

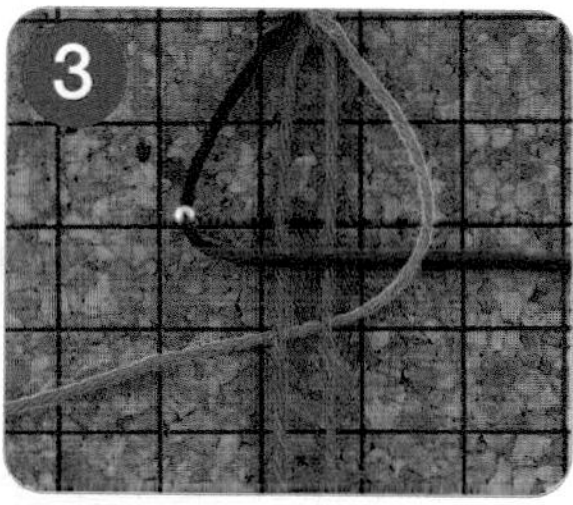

將右邊的編織線穿過中心線的下方拉出。

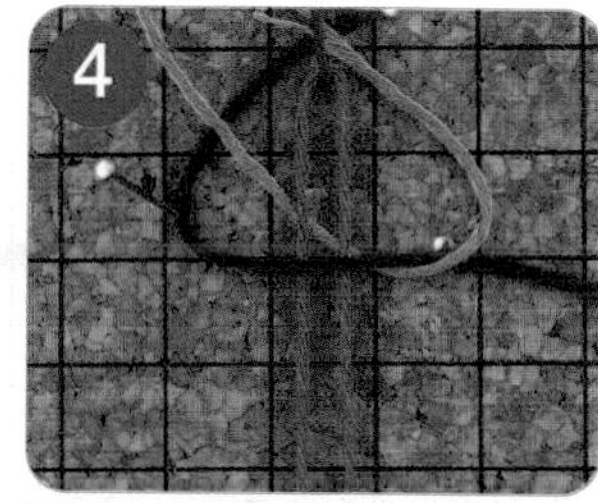

將線由下往上，從左邊形成的圈環中穿出。

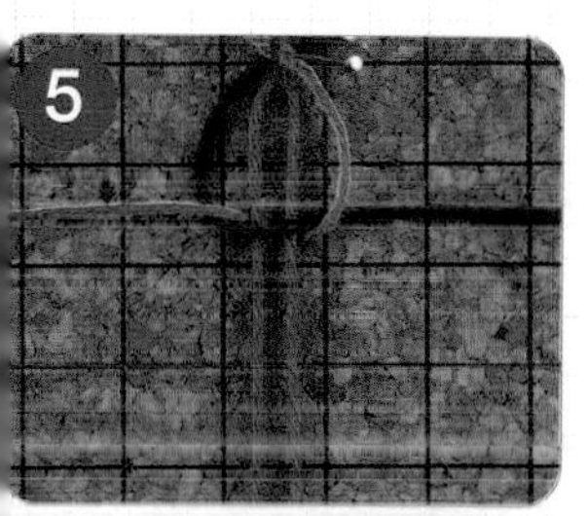

將相互纏繞的左右編織線，稍微往兩側拉緊。

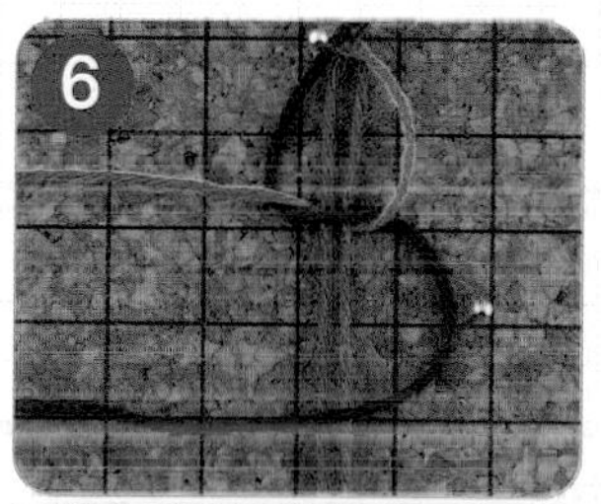

再將右邊的編織線越過中心線的上方。

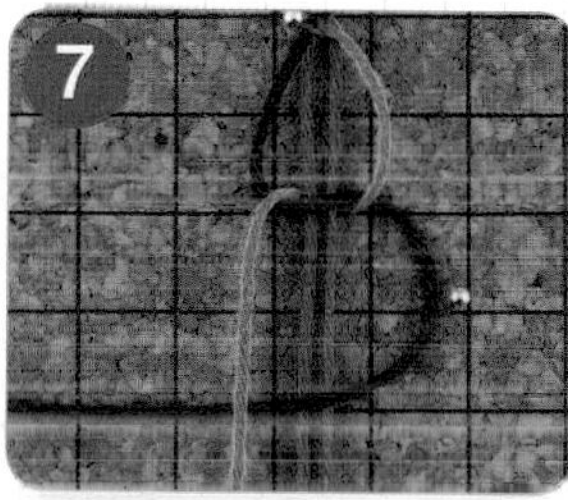

將左邊的編織線放在右線的上方。

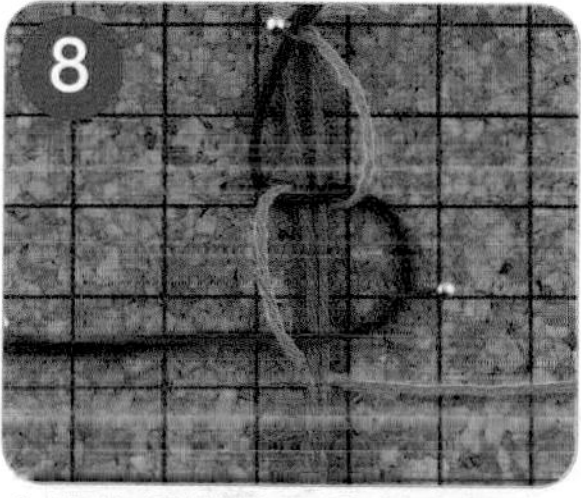

左邊的編織線再從中心線下方穿出。

然後由下往上，從右邊的圈環中穿出。

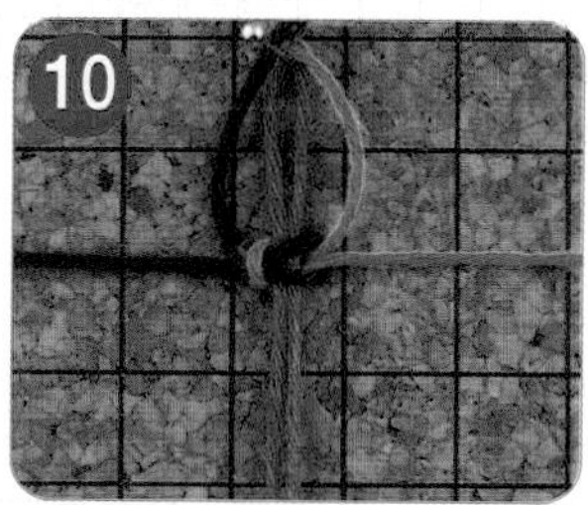

將相互纏繞的左右編織線橫向拉緊，一次平結就完成了。

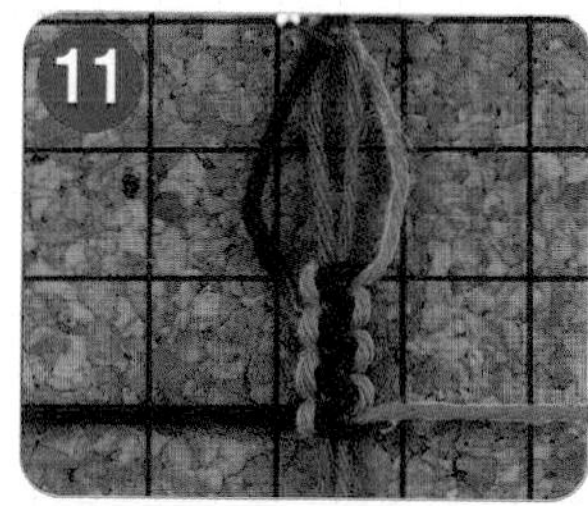

繼續重複步驟2～10。

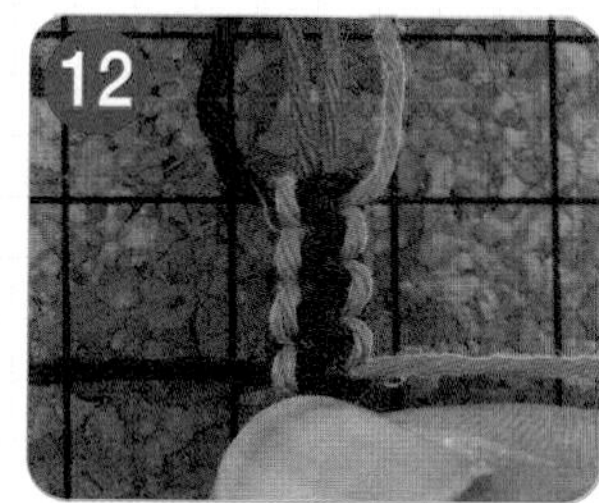

編好數個結後，用手拉住中心線，將結眼往上推，讓結的間距保持平均。

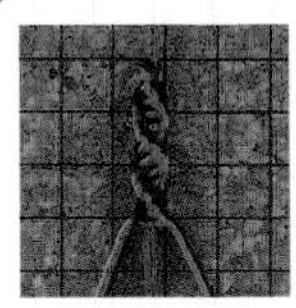

雙層左旋結

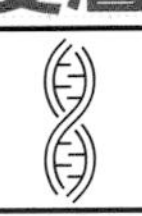

使用4條線編織的螺旋結，左側的編織線都是越過中心線的上方。

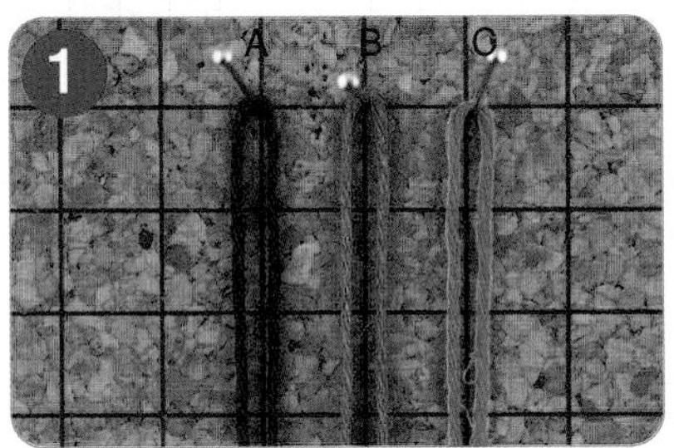

1
A
B
C

準備1條中心線和2條編織線，中心線放在中央，編織線放在兩側。

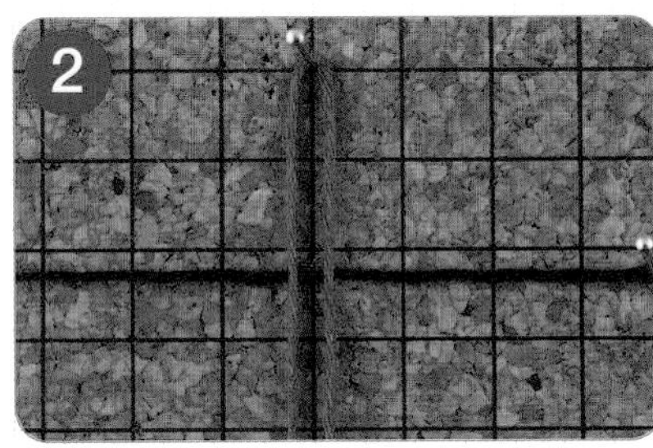

2

將編織線的中央，放在中心線的下方。

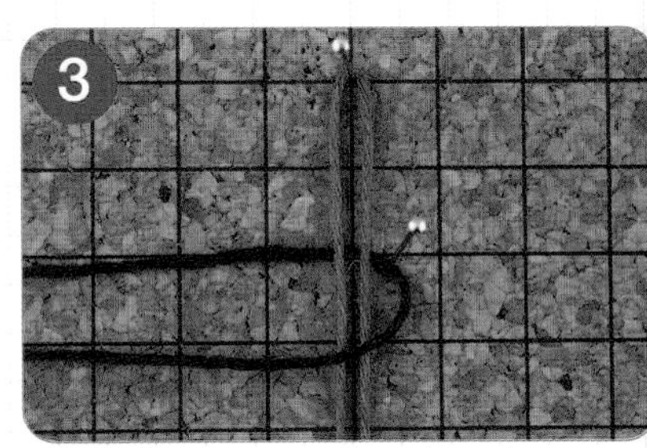

3

將右邊的編織線越過中心線的上方。

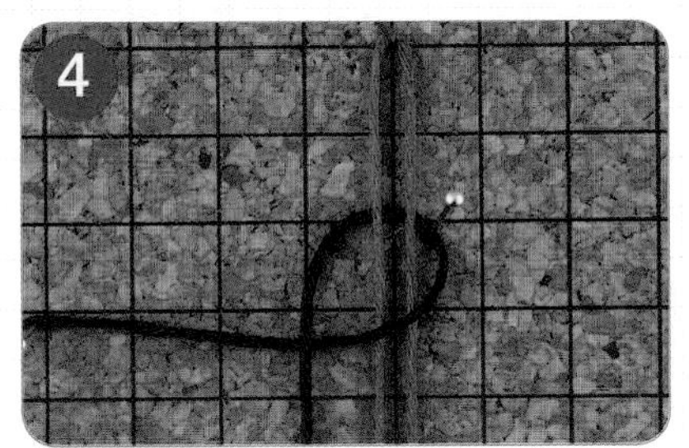

4

從左邊的編織線的下方穿出。

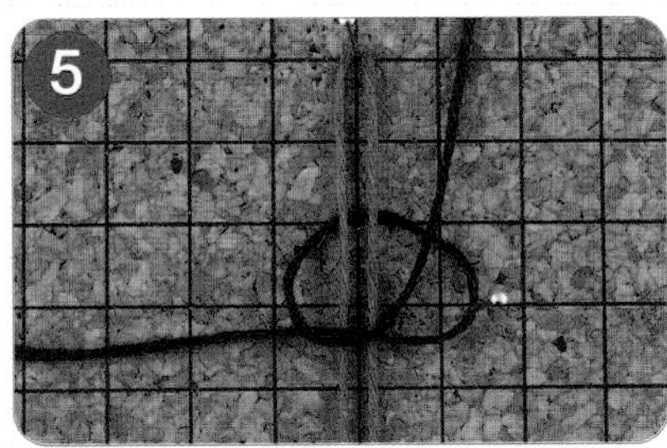

5

將左邊的編織線由下往上，從右邊的圈環中穿出。

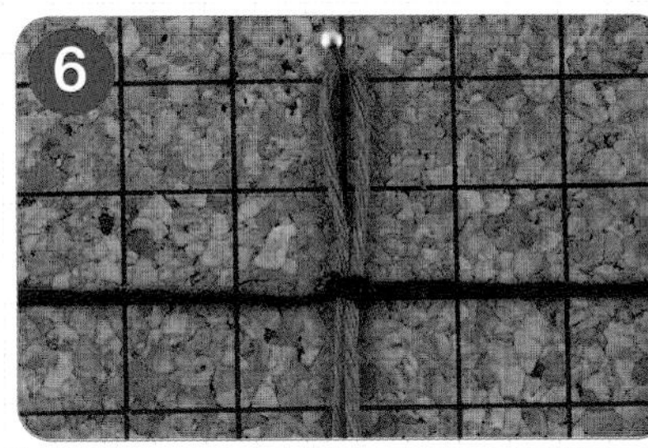

6

將打結的左右編織線，往左右拉緊。

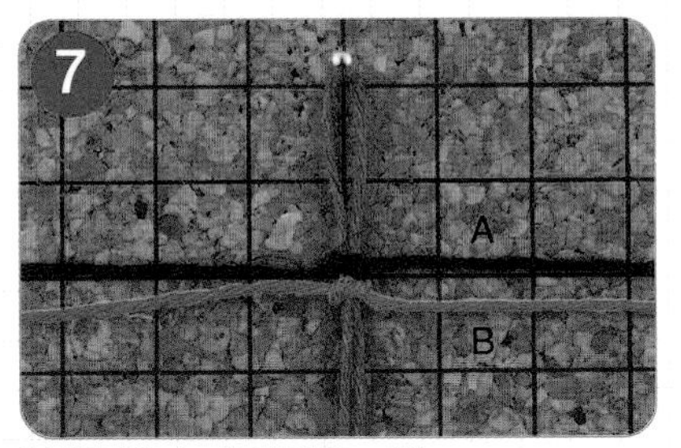

7
A
B

以相同的方式再編織一條。

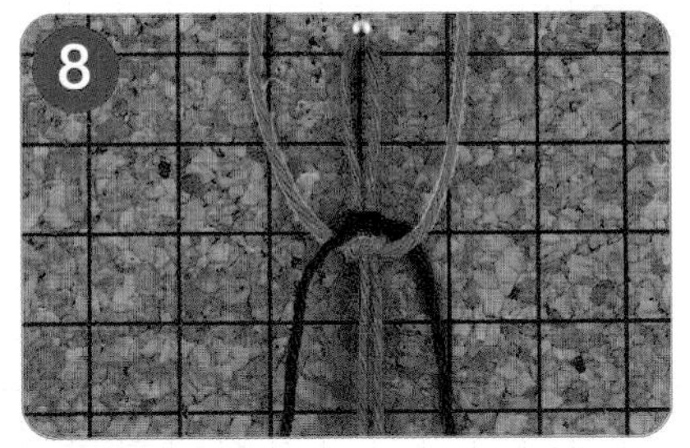

8

將編織線B的兩端往上拉，用編織線A開始打左旋結。這時右邊的編織線A是在B線的下方，左邊的是在B線的上方。

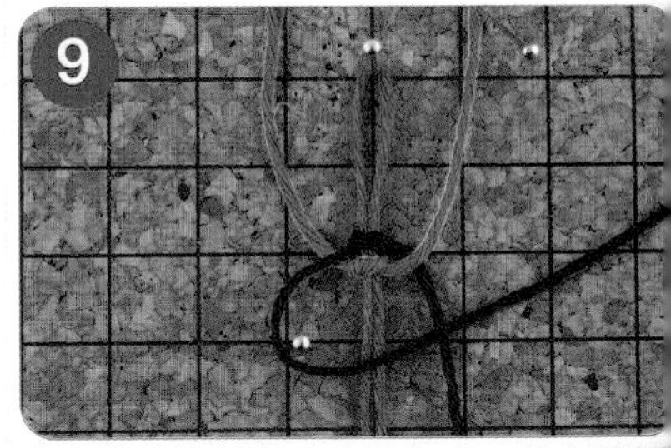

9

將左邊的線越過中心線上方，從右邊編織線的下方穿出。

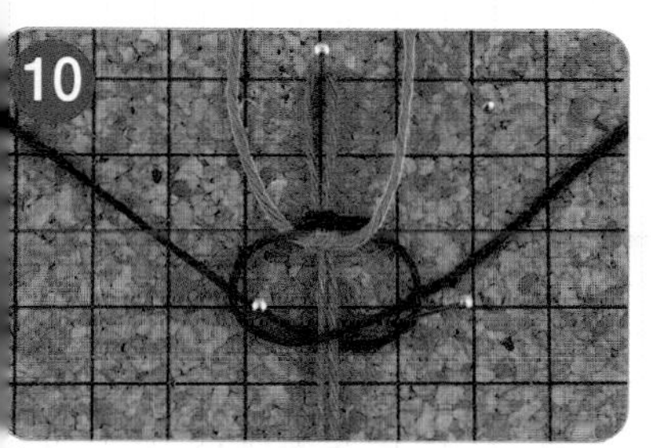
10

將右邊的編織線穿過中心線下方，由下往上從左邊的圈環中穿出。

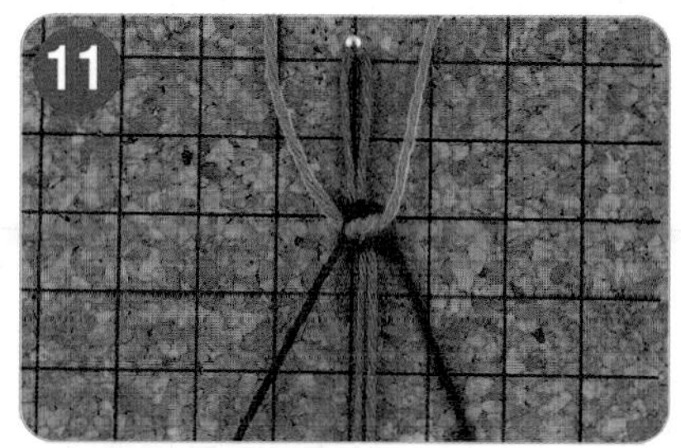
11

拉緊左右的編織線。

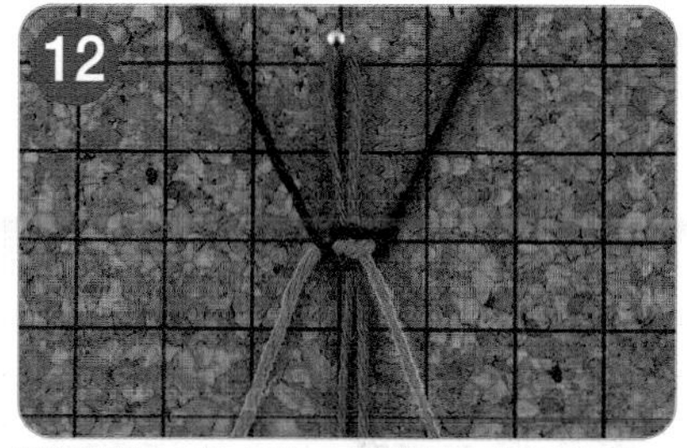
12

將編織線A往上拉，編織線B向下拉開始打雙層左旋結。這時右邊的B線是在A線上方，左邊的是在A線下方。

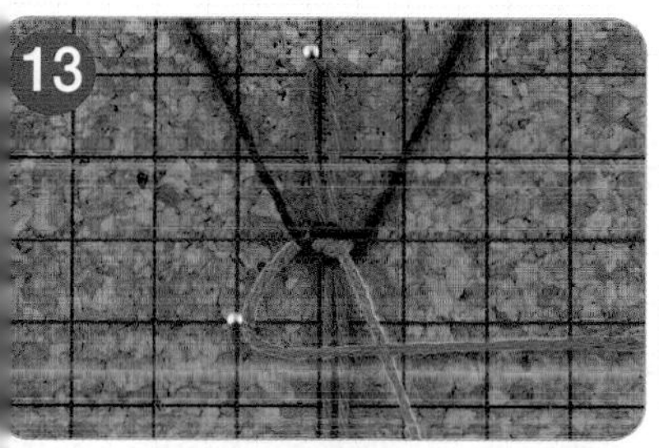
13

將左邊的線越過中心線上方，從右邊的線下方穿出。

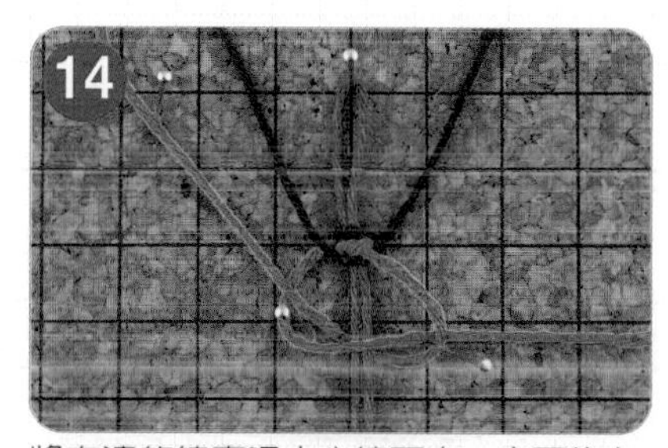
14

將右邊的線穿過中心線下方，由下往上從左邊的圈環中穿出。

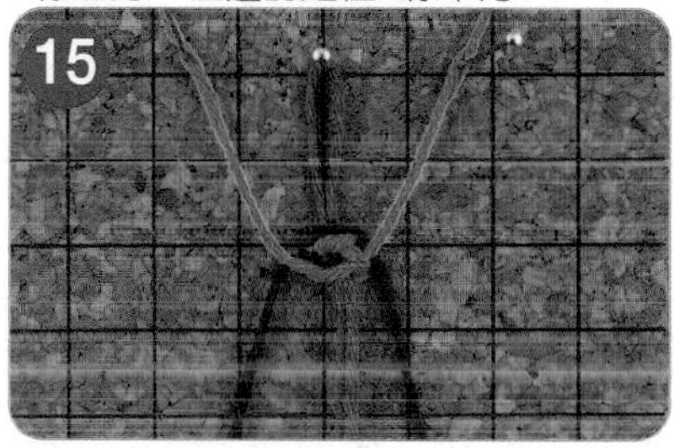
15

拉緊左右的編織線。

16

編織線AB各打2次結之後，將線一面交換往上拉，一面重複步驟8～15。

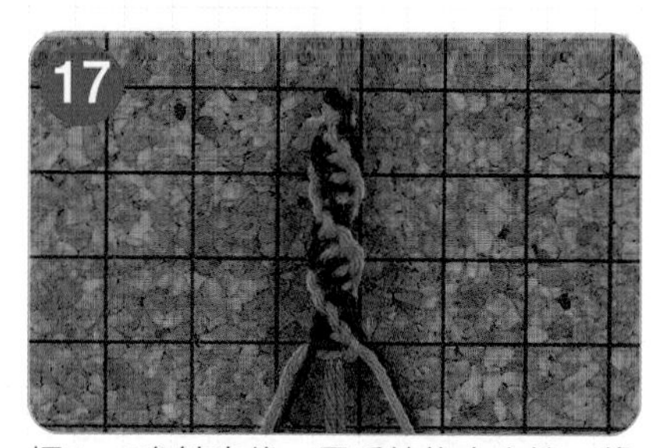
17

打5、6次結之後，用手拉住中心線，將結眼往上推，讓結的間距保持平均。

雙層右旋結

用打雙層左旋結相同的要領，

編織右旋結。

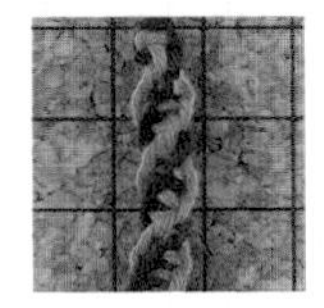

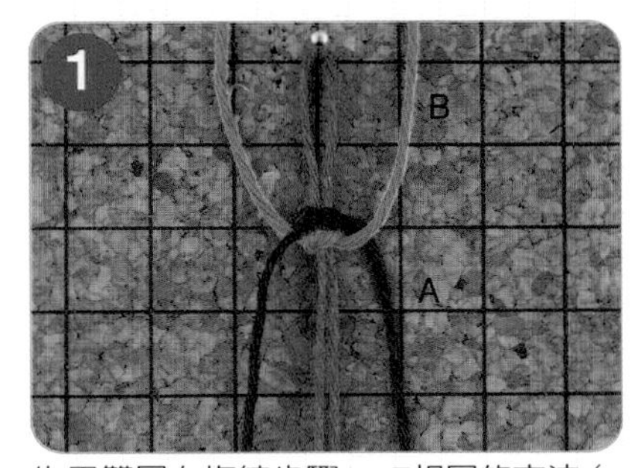
1
B
A

先用雙層左旋結步驟1～7相同的方法（P.48）編織。用編織線A開始打右旋結，右邊的A線是在B的下方，左邊是在B的上方。

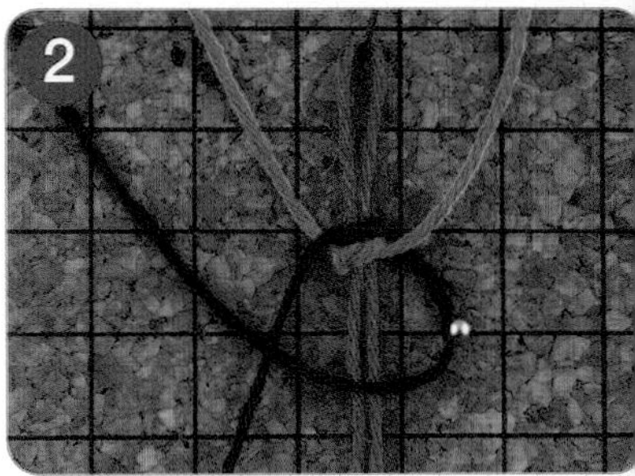
2

將右邊的編織線越過中心線上方，從左邊編織線的下方穿出。

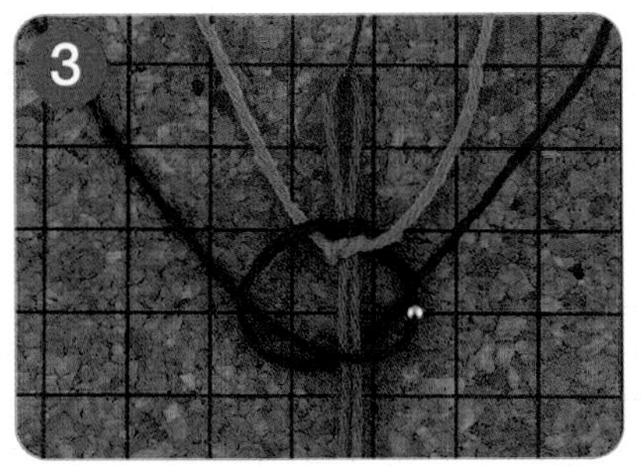
3

將左邊的編織線穿過中心線下方，由下往上從右邊的圈環中穿出。

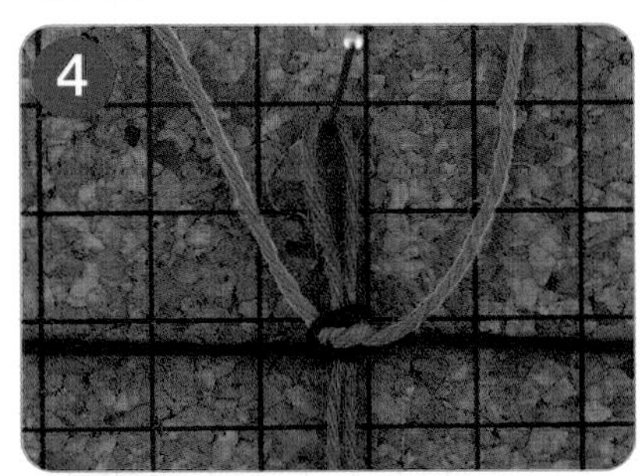
4

將打結的左右編織線橫向拉緊。

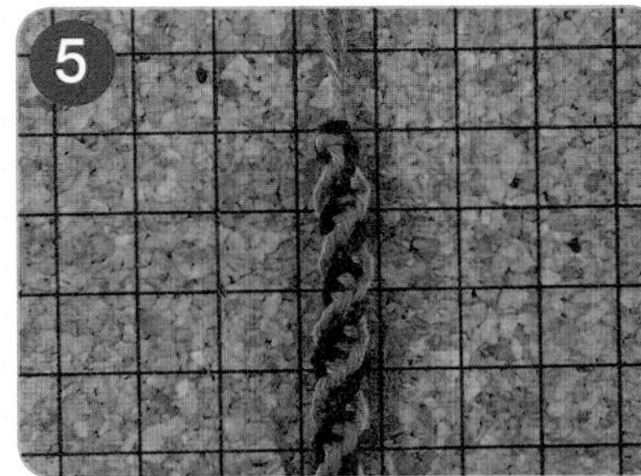
5

一面交換編織線，一面完成編織。

十字螺旋結

它是由左旋結和右旋結交互編織而成。

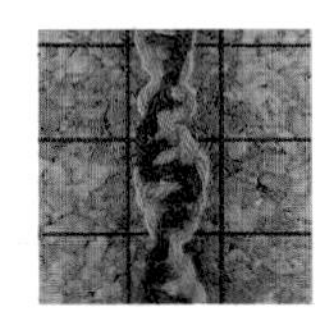

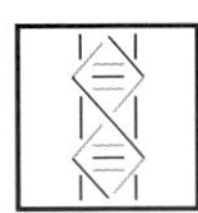

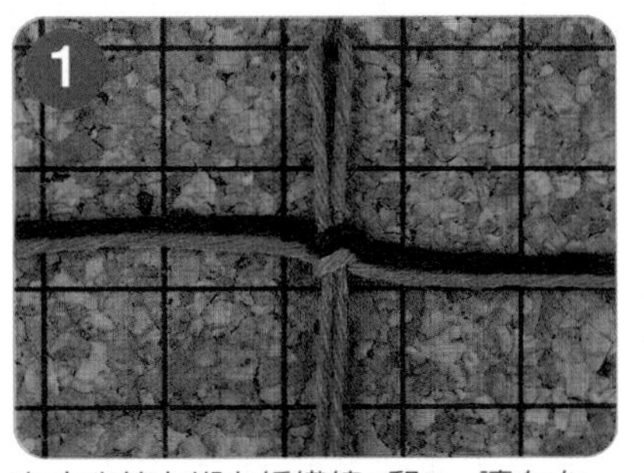
1

在中心線上綁上編織線A和B，讓左右的線保持等長，結眼置於裡側。

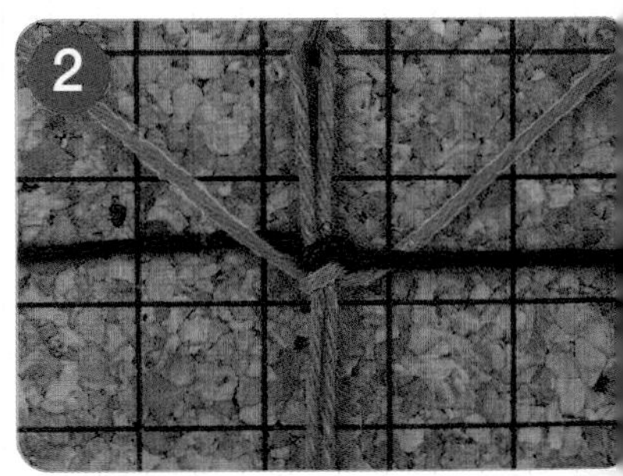
2

將編織線B往上拉，右邊的編織線A是放在編織線B的上方，左邊是在B的下方。

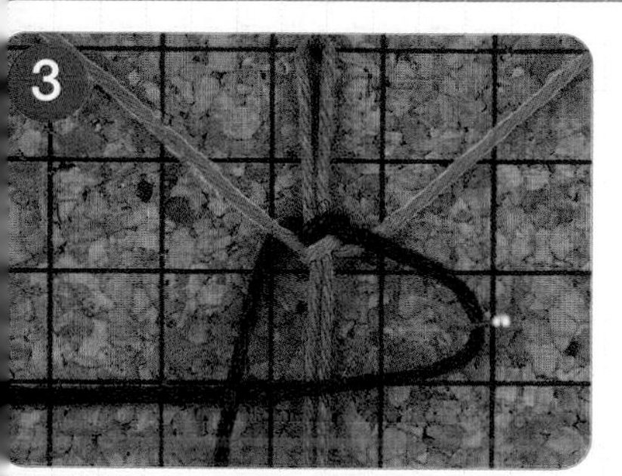
3

用編織線A打右旋結。將右邊的線越過中心線上方，再從左邊編織線的下方穿出。

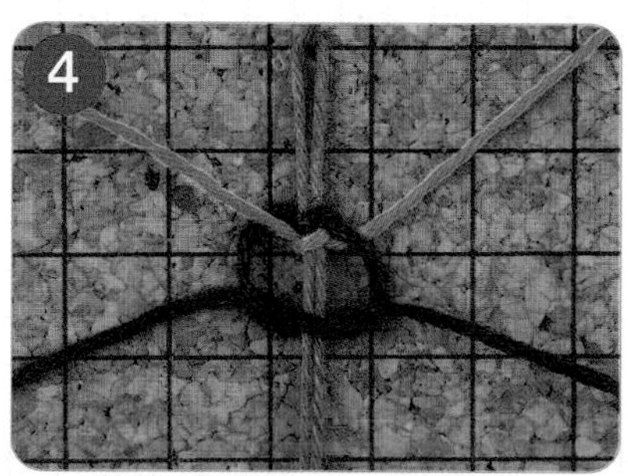
4

將左邊的編織線穿過中心線下方，由下往上從右邊的圈環中穿出。

5

平均地拉緊兩邊的編織線。

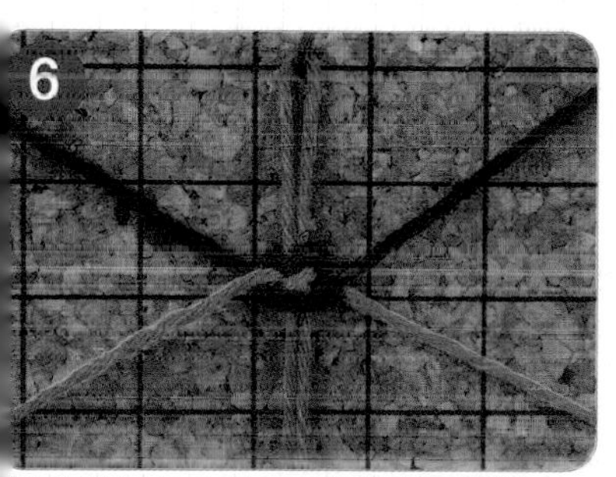
6

將編織線A往上拉，用編織線B編織。這時右邊的B線是在A線下方，左邊是在A線的上方。

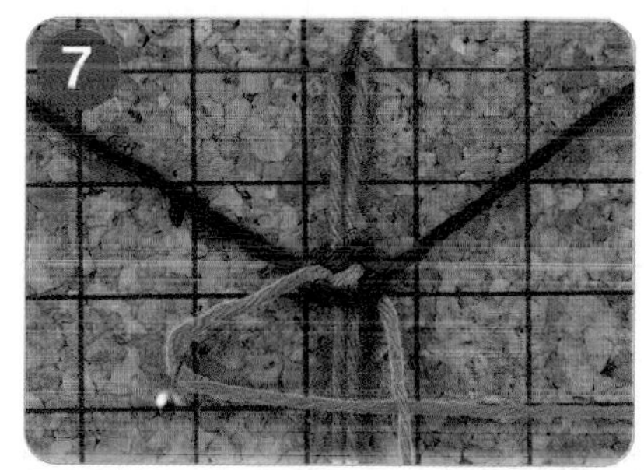
7

用編織線B打左旋結。將左邊的線越過中心線上方，再從右邊編織線的下方穿出。

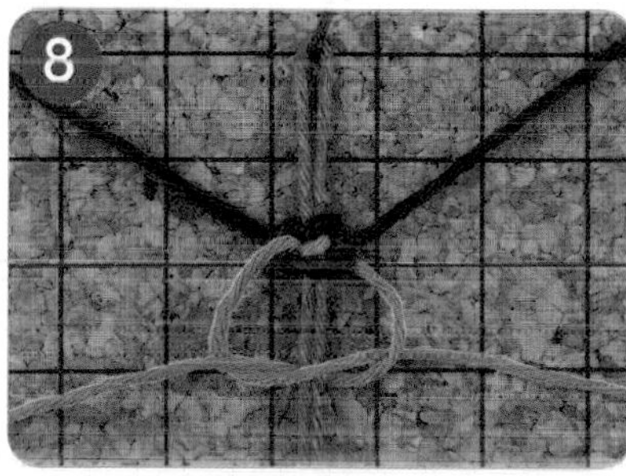
8

將右邊的編織線穿過中心線下方，由下往上從左邊的圈環中穿出。

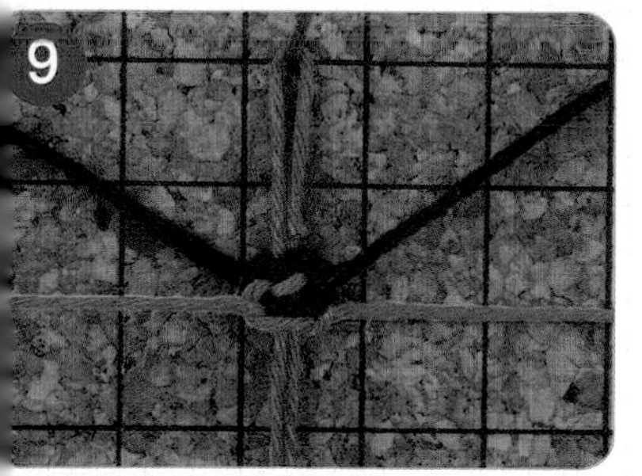
9

平均地拉緊兩邊的編織線。

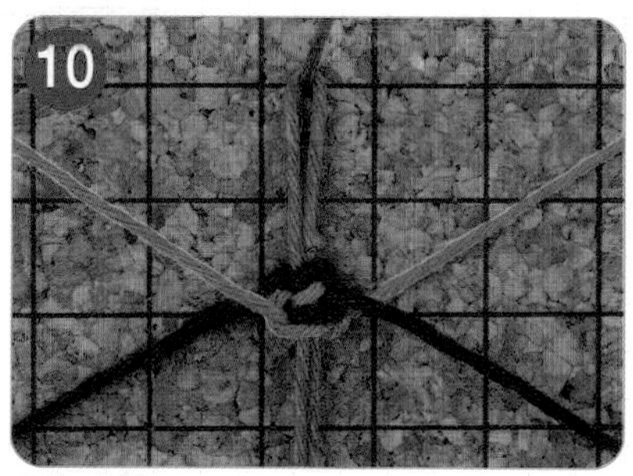
10

重複步驟3～9。

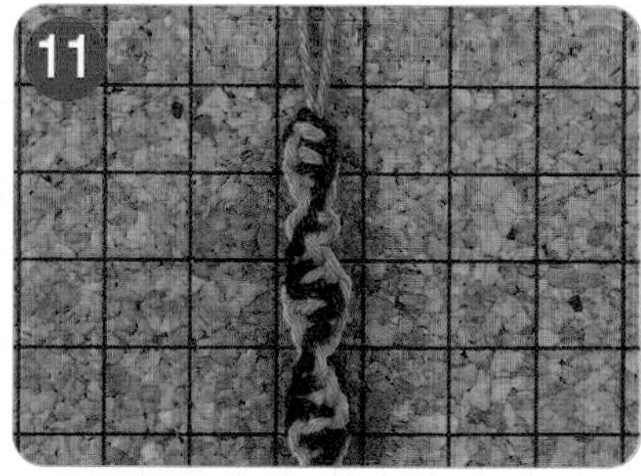
11

十字螺旋結就完成了。

並排平結

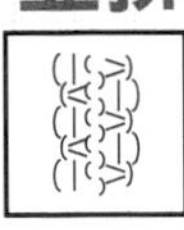

這是使用6條線，交互打平結的編法。

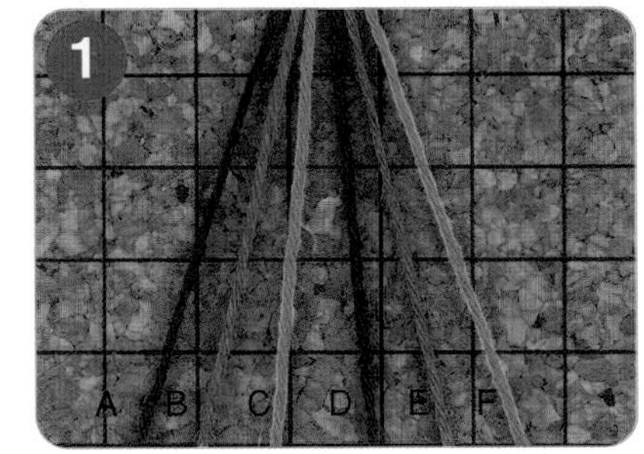

1
A B C D E F

B和E作為中心線。

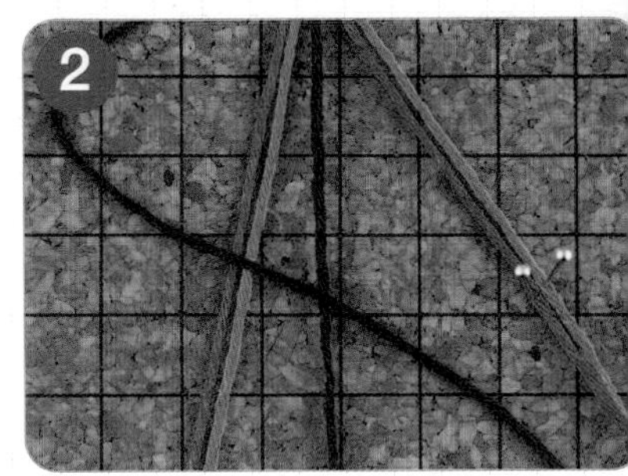

2

E和F先暫放一邊，將A越過B、C的上方，從D的下方穿出。

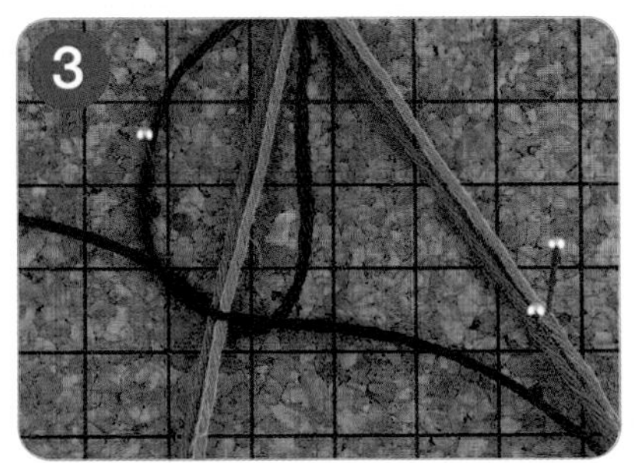

3

將D穿過B、C的下方，由下往上從左邊的圈環中穿出，從左右兩側拉緊A和D。

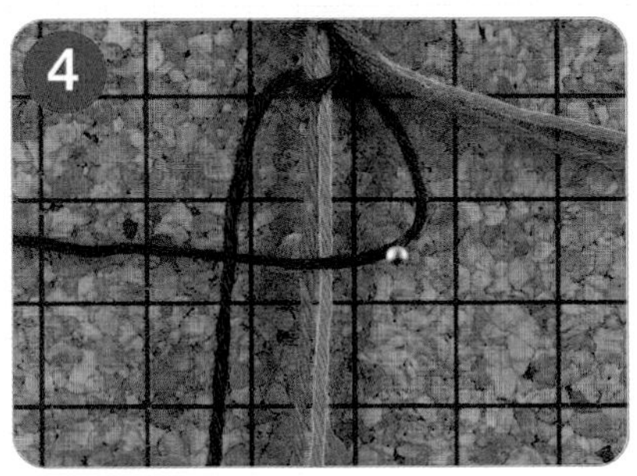

4

將A越過B、C的上方，從D的下方穿出。

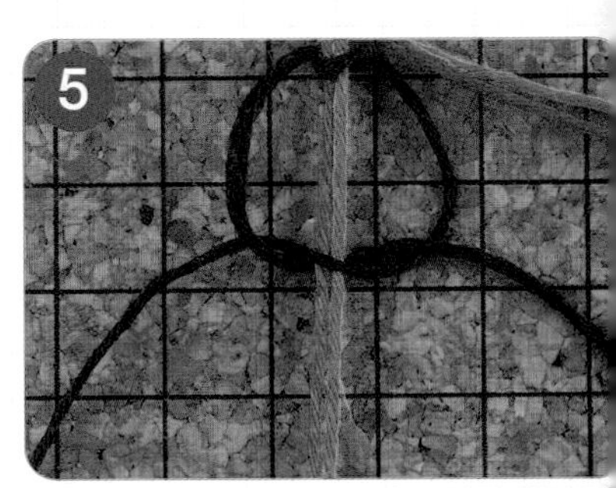

5

將D穿過B、C的下方，由下往上從右邊的圈環中穿出。

6

從左右兩側拉緊A和D，這樣就完成左上的平結。

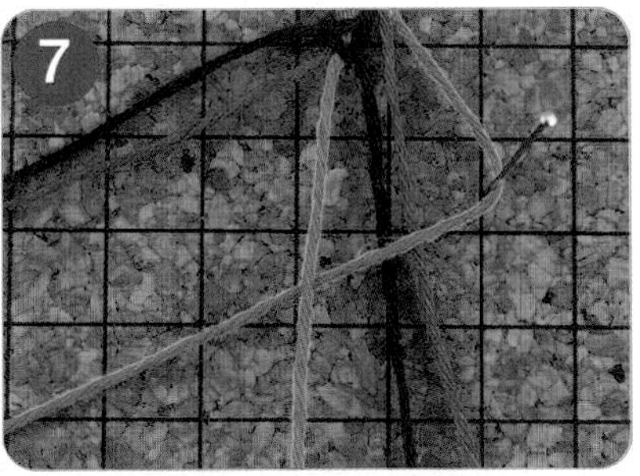

7

接著A、B先暫放一邊，將F越過D、E的上方，從C的下方穿出。

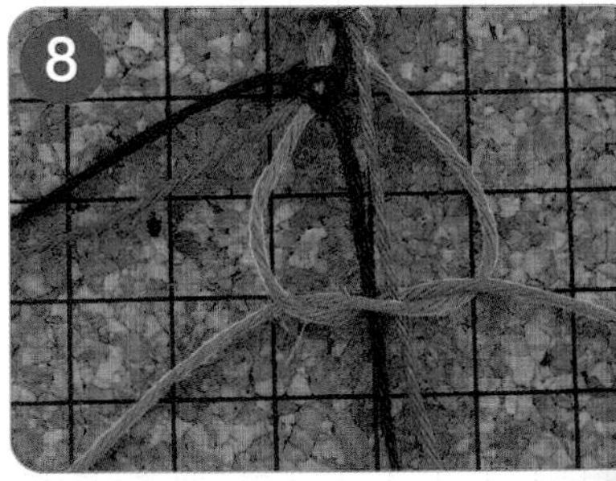

8

將C穿過D、E的下方，由下往上從右邊的圈環中穿出。

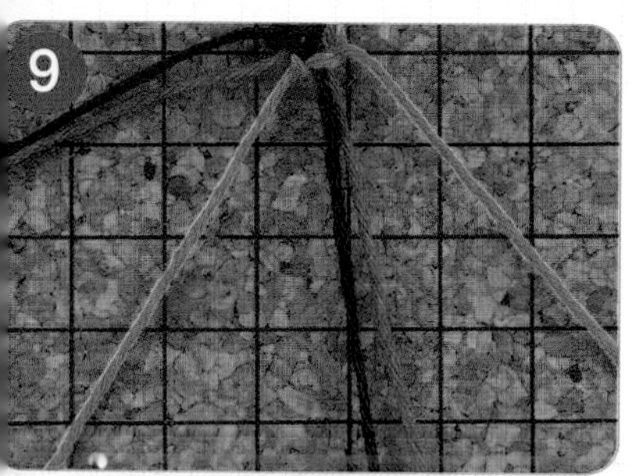

從左右兩側拉緊C和F。

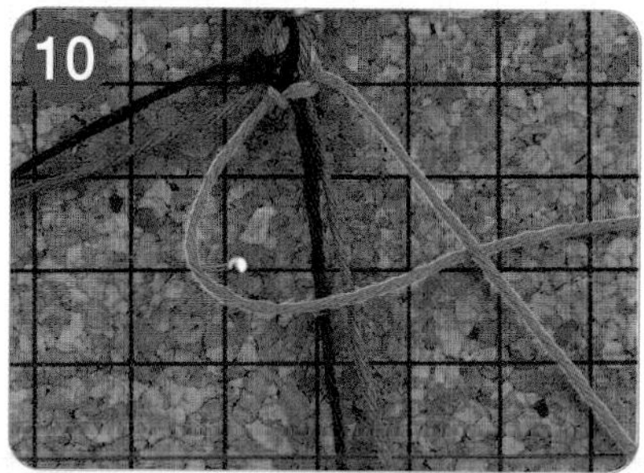

將F越過D、E的上方，從C的下方穿出。

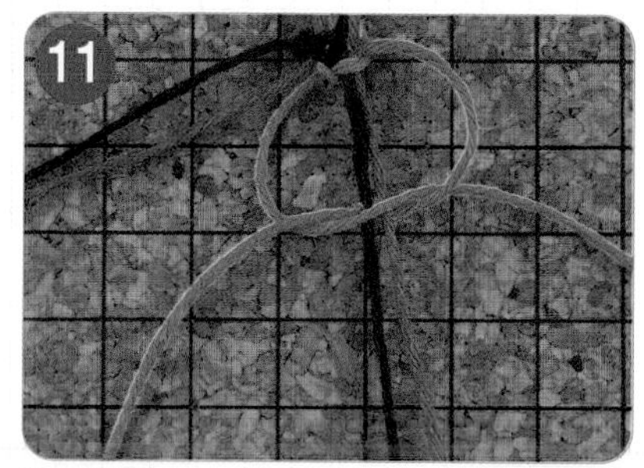

將C穿過D、E的下方，由下往上從左邊的圈環中穿出。

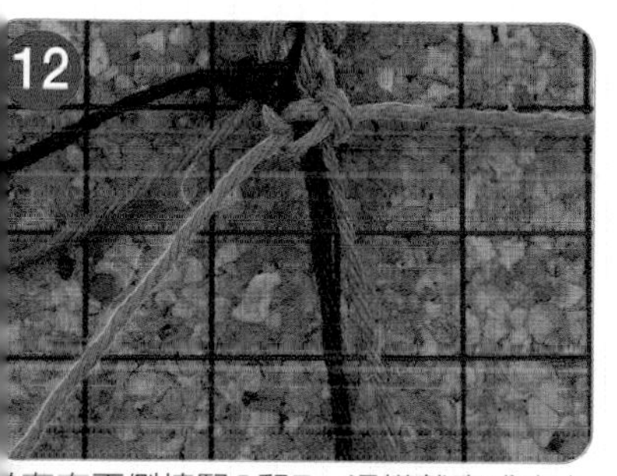

從左右兩側拉緊C和F，這樣就完成右上的平結。

重複步驟2～12。

編織完成的收尾

編織完成時，將位置較高的那一邊再打半個平結，讓兩邊長度一致。

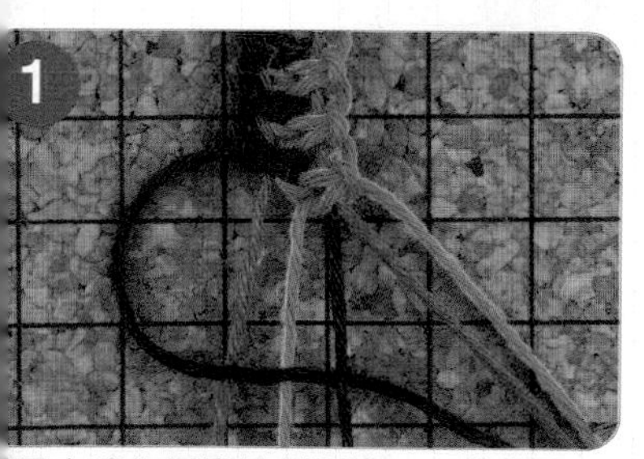

將最左邊的編織線越過第2、3條線的上方，再從第4條線的上方穿出。

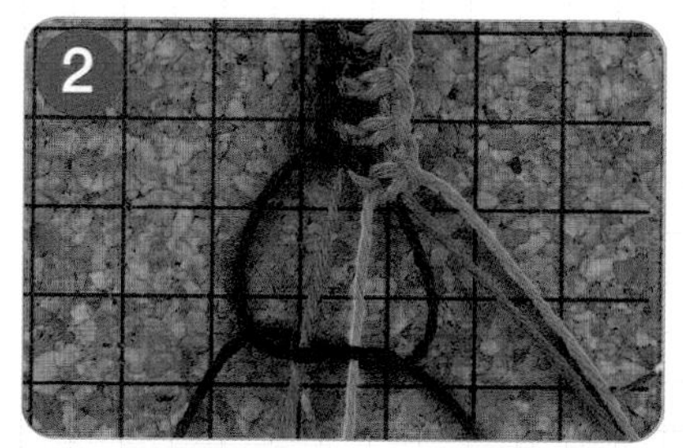

將第4條線穿過第2、3線的下方，由下往上從左邊的圈環中穿出。

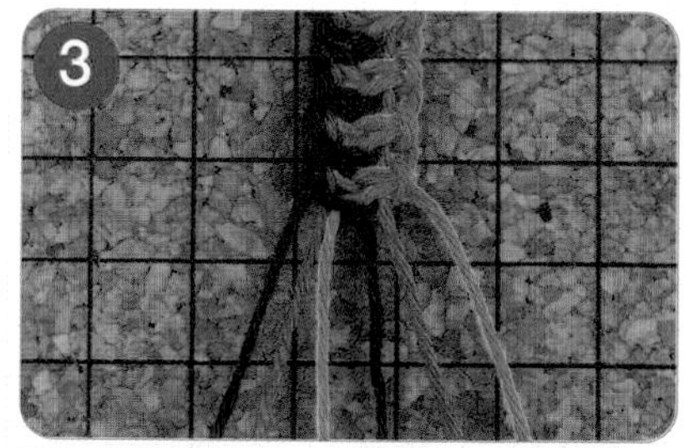

將打結的線拉緊，再調整一下結眼即可。

圓柱四層結

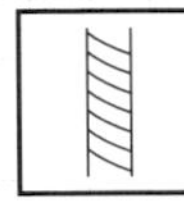

這種編法結飾會呈圓柱形的繩索狀。

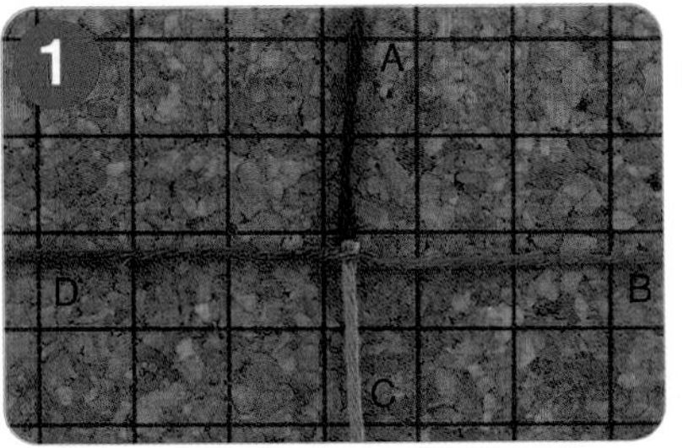
1
A
D
B
C

將4條線排列成十字的形狀。（這裡為方便讀者了解，每一條線都用不同的顏色。）

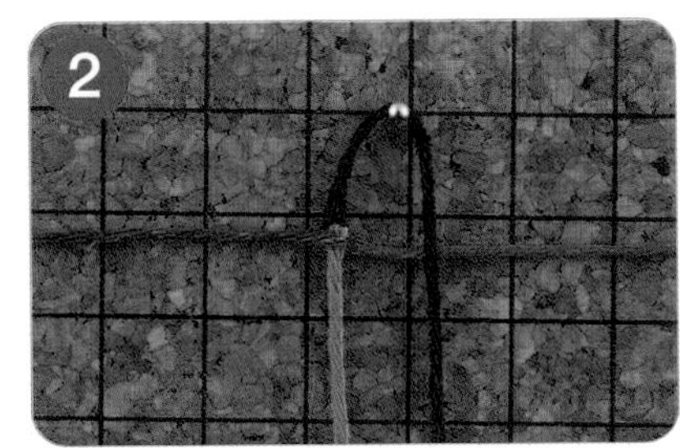
2

將A越過B的上方。

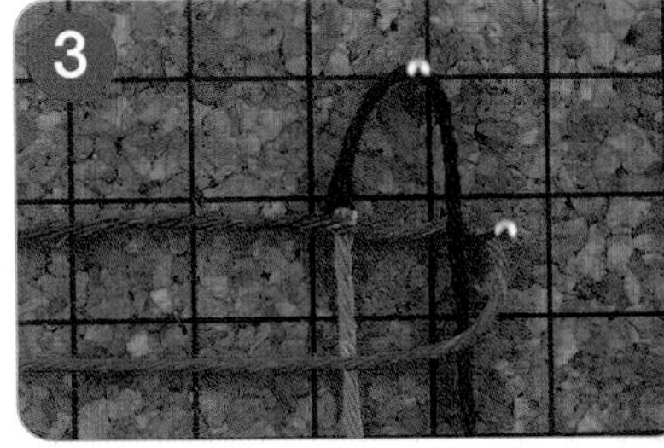
3

將B越過C的上方。

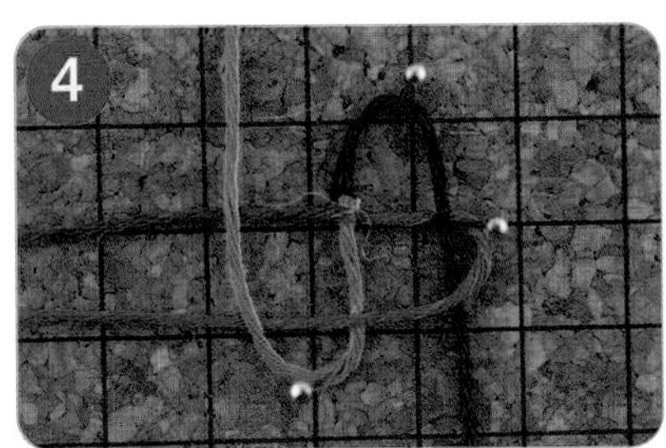
4

將C越過D的上方。

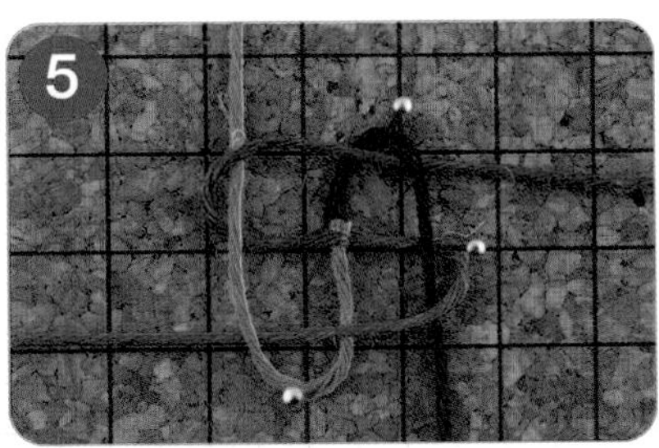
5

將D越過C，從A所形成的圈環中穿出。

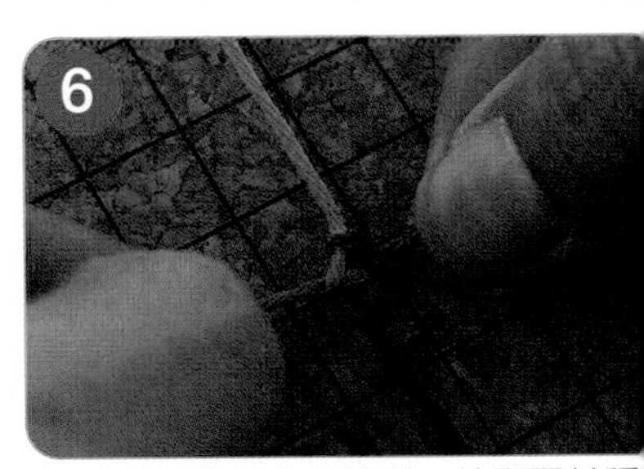
6

將4條線平均地往外拉緊，拉緊至某種度時，再分別拉緊相對的兩條線。

7

這樣結眼會呈現漂亮的四方形。

8

重複步驟2～7。

含中心線的圓柱四層結

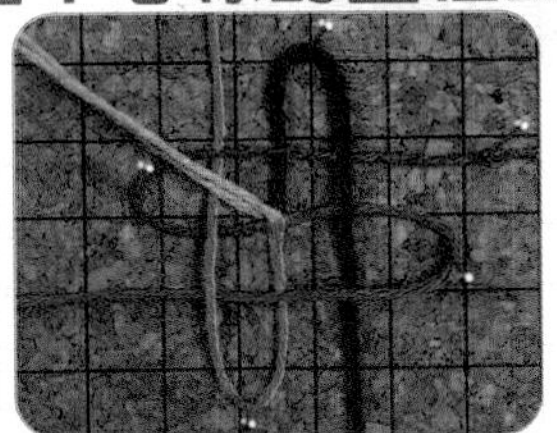

將四周的編織線圍著中心線打圓柱四層即可。（角型四層結也是相同的作法

角型四層結

這種編法結飾會呈方柱形的繩索狀。

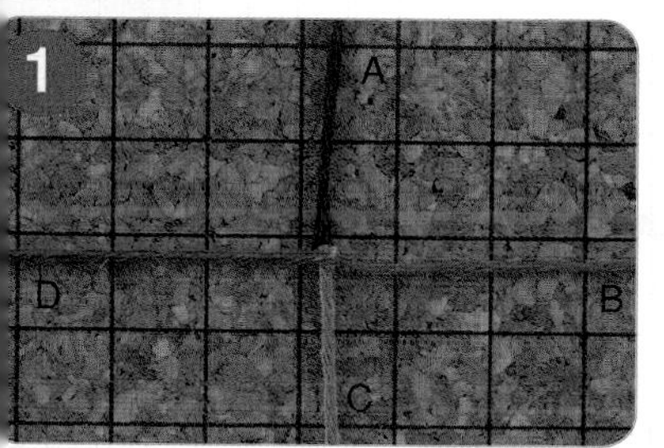
1
A
D
B
C

{將}4條線排列成十字的形狀。（這裡為{了}方便讀者了解，每一條線都用不同的{顏}色。）

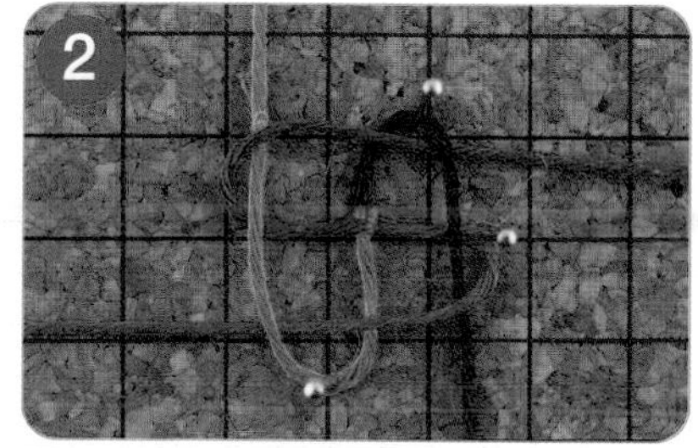
2

請參照圓柱四層結步驟2～6編織。

3

平均地拉緊4條線，形成四方形的結眼。

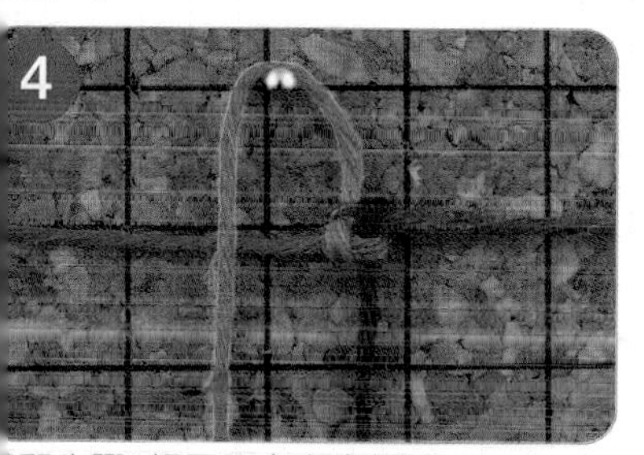
4

{朝}和步驟2相反的方向來編織，先將C越{過}B的上方。

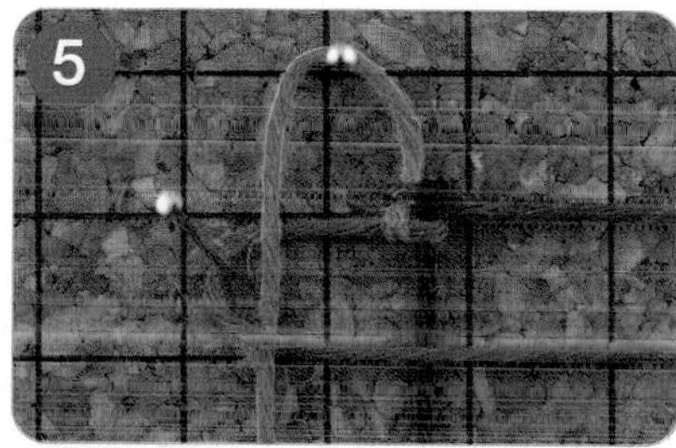
5

將B越過A的上方。

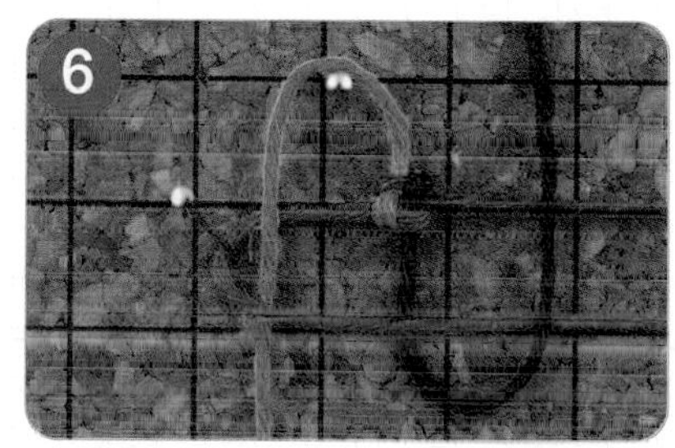
6

將A越過D的上方。

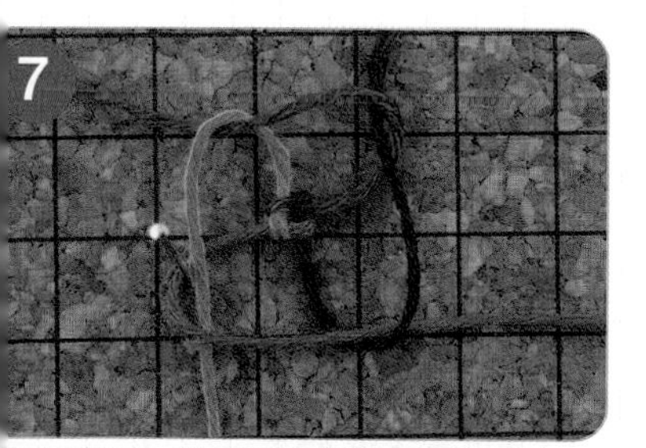
7

{將}D越過A，從C所形成的圈環中穿出。

8

將4條線平均地往外拉緊，拉緊至某種程度時，再分別拉緊相對的兩條線，就形成漂亮的四方形結眼。

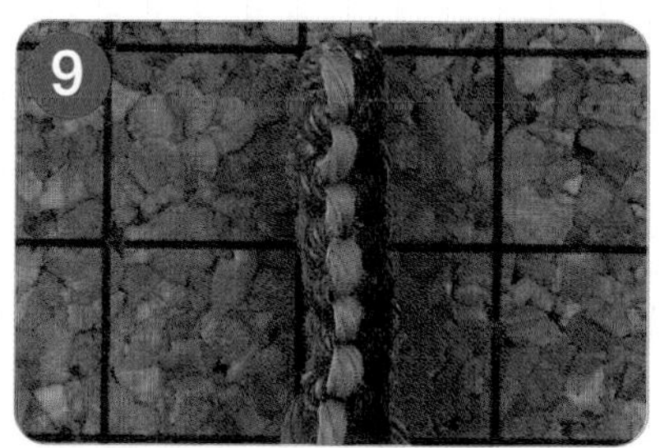
9

重複步驟2～8。

左右結

將左右的線輪流當作編織線和
中心線的編法。

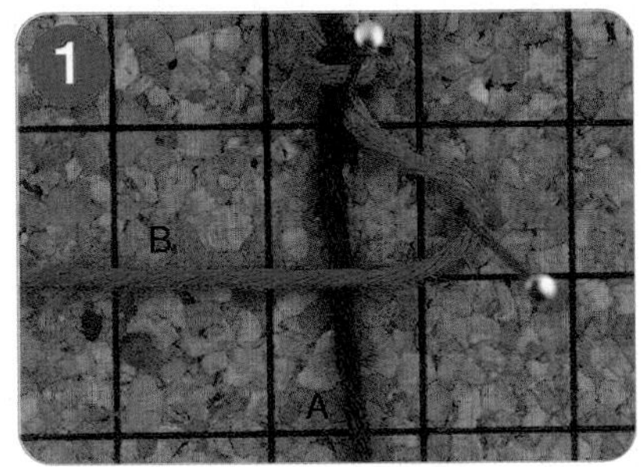
1
B
A

以A作為中心線，將B越過A的上方。

2

再將B穿過A的下方，從右邊形成的圈環中穿出。

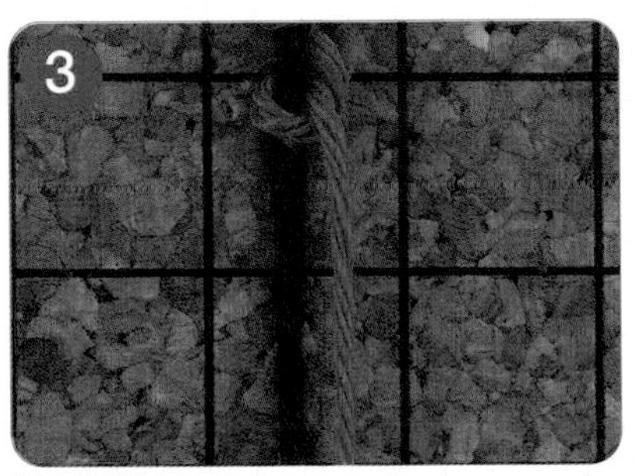
3

將B拉緊。

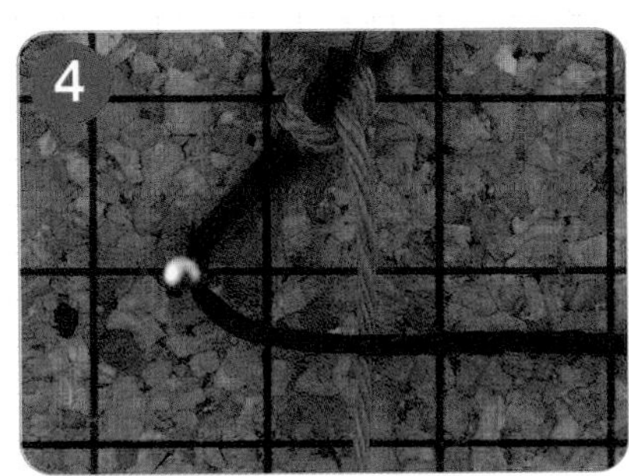
4

現在以B成為中心線，將A越過B的上方。

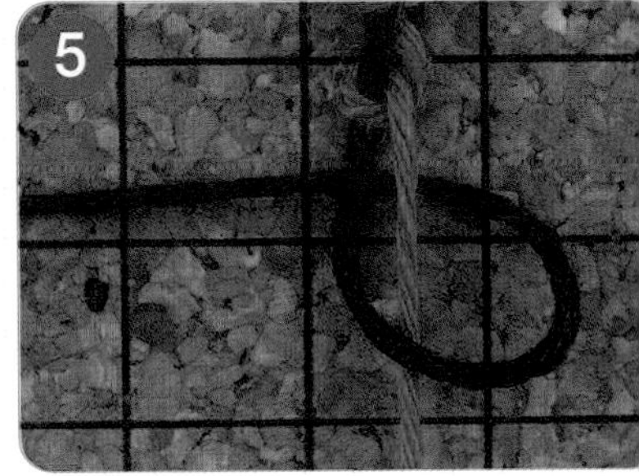
5

再將A穿過B的下方，從左邊形成的圈環中穿出。

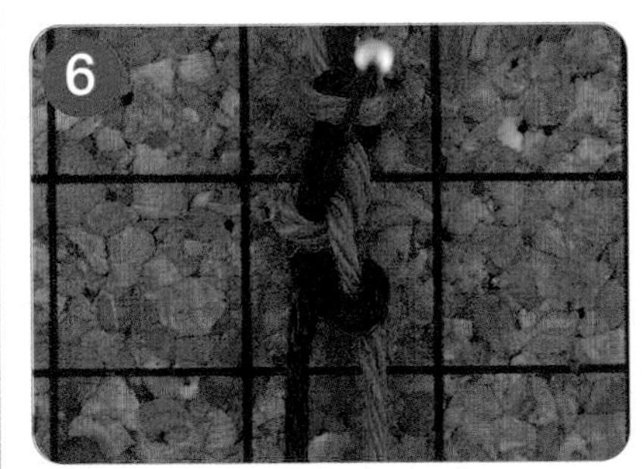
6

將A拉緊。

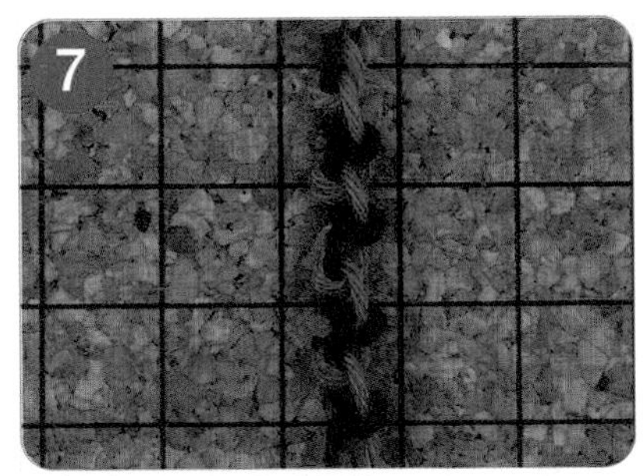
7

重複步驟1～6繼續編織。